# LEHRBÜCHER DER AUSLAND-HOCHSCHULE AN DER UNIVERSITÄT BERLIN

(FRÜHER SEMINAR FÜR ORIENTALISCHE SPRACHEN)

HERAUSGEGEBEN VON DEM

KOMMISSARISCHEN LEITER DER AUSLAND-HOCHSCHULE

BAND XXXIX

BERLIN 1939
IN KOMMISSION BEI WALTER DE GRUYTER & CO.

# DIE EWE-SPRACHE IN TOGO

## EINE PRAKTISCHE EINFÜHRUNG

VON

DIEDRICH WESTERMANN

BERLIN 1939

IN KOMMISSION BEI WALTER DE GRUYTER & CO.

Verlags-Archiv Nr. 63 01 92.

Printed in Germany.

Druck von J. J. Augustin in Glückstadt - Hamburg - New York

# Vorwort.

Für die praktische Erlernung der Ewesprache hat es bisher kein Hilfsmittel gegeben, das dem heutigen Stand unserer Kenntnis dieser Sprache entspricht, und das Bedürfnis nach einem solchen ist häufig empfunden worden.

Das Ewe bietet dem Europäer zwei erhebliche Schwierigkeiten, die in der vorliegenden Einführung besonders berücksichtigt worden sind: die Tonhöhen und der uns fremdartige Sprachaufbau. Ohne genaues Beobachten der Tonhöhen kann die Sprache nicht gelernt werden. Sie sind ein so wesentlicher Bestandteil, daß, wer sie nicht von vornherein sich gründlich aneignet, niemals zum Ziel gelangen wird. Es sind deshalb die Tonhöhen in jedem Wort und Satz kenntlich gemacht worden, und auch auf die wichtigen Tonveränderungen in zusammenhängender Rede wird aufmerksam gemacht.

Die Sprachform des Ewe kommt nicht wie im Deutschen durch Veränderung des Wortes zum Ausdruck, sondern durch die Wortfolge oder Wortordnung; sie ist nicht Formenlehre, sondern Syntax. Es werden deshalb in den einzelnen Übungen nicht nur Wörter, sondern in großem Umfang auch zusammenhängende Ausdrücke gegeben, denn gerade sie zeigen den inneren Aufbau und die Anschauungsweise der Sprache. Wenn dabei auch nicht alle Eigenheiten der Grammatik behandelt werden konnten, so dürfte doch der dargebotene Stoff genügen, um den Schüler in das Verständnis der Sprache einzuführen.

Die besonders in den Übungen der zweiten Hälfte des Buches enthaltenen Texte geben lebendige Sprache; sie sind verschiedenen Lebensgebieten entnommen und bilden zugleich eine Einführung in das Volkstum der Eingeborenen.

Für ein tieferes Eindringen in die Sprache darf ich auf meine Grammatik der Ewe-Sprache verweisen.

Frl. Ursula Feyer danke ich für das Lesen des Manuskriptes und der Korrekturen, sowie für manche praktische Anregung, die dem Buch zugut gekommen ist. Sie hat vor allem unter Zuhilfenahme des Eingeborenen B. Foli die sämtlichen Tonhöhen nachgeprüft.

## Bezeichnung und Aussprache der Laute.

*a* wie in hatte
*b* wie in bin
*d* wie in du
*dz* ist Verbindung von *d* und *weichem s*
*ɖ Đ* mit zurückgebogener Zungenspitze
*e* wie in lebt
*ɛ* wie in Bett
*ſ* wie in für
*f ƒ* mit beiden Lippen
*g* wie in gut
*gb* *b* mit gleichzeitigem *g*-Ansatz
*γ* geriebenes *g*
*h* wie in hoch
*i* wie in die
*x* wie in ach
*k* wie in kurz
*kp* *p* mit gleichzeitigem *k*-Ansatz.

Es ist darauf zu achten, daß bei *gb* und *kp* die beiden Verschlüsse gleichzeitig geöffnet werden, also bei *gb* der *g*- und *b*-Verschluß, bei *kp* der *k*- und *p*-Verschluß.

*l* wie in lang
*m* wie in man
*n* wie in nun
*ny* wie *gn* in französisch cognac
*ŋ* wie *ng* in singen, *n* in Onkel
*o* wie in rote
*ɔ* wie in Rotte
*p* wie in Paul
*r* mit der Zungenspitze
*s* wie in hast, wie *ss* in Haß, also *scharf!* Vor *i* klingt es fast wie deutsches *sch*
*t* wie in tun

*ts* wie *z* in zu
*u* wie in du
*v* wie norddeutsch *w* in wohl
*ʋ* deutsches *w* mit beiden Lippen
*w* wie englisches *w* in well
*y* wie deutsches *j*, wie englisches *y* in yes
*z* wie *s* in sagen, also *weich!*

Die Vokale sind fast immer kurz, Länge wird durch Doppelschreibung des Buchstabens ausgedrückt: *aa* bedeutet langes *a*. Nasalierte Vokale werden durch eine Tilde gekennzeichnet, *ã* ist zu sprechen wie französisch an, *ɔ̃* wie französisch on.

## Die Tonhöhen.

*á* ist *a* mit hohem,
*à* mit tiefem,
*ȧ* mit mittlerem Ton,
*â* ist ein fallender,
*ǎ* ein steigender Ton.

Die Bezeichnung der Töne wird durch folgende Regeln vereinfacht:

1. Jedes Wort ohne Tonzeichen hat Tiefton.
2. Jede Silbe ohne Tonzeichen hat den Ton der letzten Silbe desselben Wortes mit einem Tonzeichen.
3. Jede erste unbezeichnete Silbe eines Wortes hat Tiefton und ebenso die ihr folgenden unbezeichneten Silben.

Also: *lolo, didi, keke* haben Tiefton auf beiden Silben.
*gógo, ƒáƒɛ* haben Hochton auf beiden Silben.
*atí, amegǎ* haben Hochton auf der letzten Silbe, im übrigen Tiefton.

Auch nasale Konsonanten können einen eigenen Ton haben. Der anlautende Nasal hat das Tonzeichen vor sich, der auslautende nach sich. *'ŋkɔ, wɔm', kɔ́m`*.

# Inhaltsübersicht.


| | | Seite |
|---|---|---|
| 1. | Der bestimmte Artikel | 1 |
| 2. | Der Artikel *a-*. Die Mehrzahl des Hauptwortes | 1—2 |
| 3. | Das persönliche Fürwort als Subjekt. Das Hilfszeitwort *le* sein. Postpositionen | 2—3 |
| 4. | Das Hilfszeitwort *nyé* sein. Der Aorist des Zeitwortes. Der unbestimmte Artikel | 4—5 |
| 5. | Kasus des Hauptwortes. Das Zw. *tsɔ́* nehmen. Das unbestimmte und das bestimmte Objekt | 5—6 |
| 6. | Die Zukunft des Zeitwortes. Das objektive Personalpronomen | 6—7 |
| 7. | Die Verneinung des Zeitwortes. „Und" | 7—8 |
| 8. | Progressiv und Ingressiv des Zeitwortes | 9—10 |
| 9. | Die adverbiale Bestimmung mit *le* | 11 |
| 10. | Das absolute Personalpronomen | 11—12 |
| 11. | Die Habitualform des Zeitwortes | 13 |
| 12. | Das Possessivpronomen | 13—15 |
| 13. | Haben. *Ményé* es ist nicht | 15—17 |
| 14. | Das Hilfszeitwort *nɔ*. Das Futurum durch *lá-*. Der Ingressiv nachgestellt. Die Endung *-fé* Ort an Zeitwörtern | 17—18 |
| 15. | Imperativ | 19—20 |
| 16. | Zeitwörter des Sagens | 20—21 |
| 17. | Verbalnomen und Verbaladjektiv. Nomen agentis | 22—23 |
| 18. | Das Adjektiv | 24—25 |
| 19. | Komparation des Adjektivs | 25—26 |
| 20. | Wiederholung | 26—27 |
| 21. | Das Zahlwort | 27—29 |
| 22. | Das hinweisende Fürwort | 29—30 |
| 23. | Das relative Fürwort. Der Satzartikel | 31—32 |
| 24. | Fragendes Fürwort. Reflexives Fürwort. Reziprokes Fürwort | 32—33 |
| 25. | Wochentage und Personennamen. Das Pronomen *ye* | 34—35 |

Seite

26. Die Frage .......... 35—37
27. Das pronominale Objekt in den Verbformen mit *le* 37—38
28. Das Zeitwort mit zwei Objekten .......... 39
29. Verbale Fügungen .......... 40
30. Das Passiv .......... 41—42
31. Relativsätze .......... 42—43
32. Bedingungssätze .......... 43—45
33. Temporalsätze .......... 45—47
34. Übergang von Zeitwörtern in die Funktion von Präpositionen, Adverbien und Konjunktionen .... 47—49
35. Kausalsätze .......... 49—50
36. Absichtssätze .......... 50—51
37. Folgesätze .......... 51—52
38. Zusammengesetzte Hauptwörter .......... 53—54
39. Zweisilbige Zeitwörter .......... 54—55
40. Beispielsätze .......... 56—57
41. Beispielsätze. Verbalnomen und Verbaladjektiv .... 57
Zu der Endung *-tɔ́* Herr, Besitzer. *o-o*. Personalpronomen durch ‚und' verbunden .......... 57—60

Vokabular
I Ewe-Deutsch .......... 61—77
II Deutsch-Ewe .......... 77—95

## 1.

## Der bestimmte Artikel.

Der bestimmte Artikel heißt *lá* für die Einzahl aller drei Geschlechter und steht nach dem Hauptwort, dem er angehört. Er wird nicht so häufig gebraucht wie im Deutschen, sondern hat etwa die Bedeutung ‚der erwähnte'.

Das Ewe hat Wörter, die Eigenschaften ausdrücken, aber wie Zeitwörter behandelt werden:

| | | | |
|---|---|---|---|
| *didi* | ist lang, war lang | *keke* | ist (war) breit |
| *nyó* | ist (war) gut, schön | *fá* | ist (war) kühl, kalt |
| *lolo* | ist (war) groß, dick | *bɔbɔ* | ist (war) weich. |

*Atí lá didi. Agble lá keke. Xeví lá nyó. Ame lá lolo. Ga lá fá. Akɔɖú lá bɔbɔ. Xeví lá lolo. Mɔ́ lá keke. Agble lá nyó.*

Der Weg ist lang. Der Vogel ist groß. Die Banane ist gut. Das Feld ist groß. Der Baum ist dick. Das Holz ist weich. Das Eisen ist breit. Das Feld ist schön.

| | | | |
|---|---|---|---|
| *atí* | Baum, Holz | *xeví* | Vogel |
| *agble* | Feld | *ga* | Eisen, Metall, Geld |
| *ame* | Mensch | *mɔ́* | Weg |
| | | *akɔɖú* | Banane |

## 2.

## Der Artikel *-a*. Die Mehrzahl des Hauptwortes.

Statt des Artikels *lá* wird in gleicher Bedeutung auch *-a* gebraucht. Dies *-a* wird mit dem Hw. zusammengeschrieben und hat immer den Ton des vorangehenden Vokals: *tó* Berg, *tóa* der Berg (*o* und *a* hochtonig), *to* Büffel, *toa* der Büffel (*o* und *a* tieftonig).

Die Mz. des Hw. wird gebildet durch Anhängen der Silbe -*wó* (häufig *ó* gesprochen), die eigentlich ‚sie' (Mz.) bedeutet: *ame* Mensch, *amewó* Menschen, Leute. Der bestimmte Artikel lautet in der Mz. immer -*a*- und steht vor dem Zeichen der Mz.: *amewó* Menschen, *ameawó* die Menschen.

*Amewó vá. Ɖevíwo yi. Agbleawó keke. Towó kú. Tówo kɔ́. Xevíwo ƒa. Atíawo sɔgbɔ. Ame lá bú. Trê lá gba. Lã lá sí. Lãawó sí. Ameawó kú. Ga lá ƒá. Mɔ́awo keke.*

Die Kinder kamen. Die Leute sind zahlreich. Die Büffel liefen weg. Das Tier ist groß. Das Eisen verschwand. Die Menschen gingen. Die Tiere starben. Die Bananen sind gut. Die Bäume sind dick. Der Berg ist hoch.

| | | | |
|---|---|---|---|
| *vá* | kam, kamen | *yi* | ging, gingen |
| *kú* | starb, starben | *gba*, *gbã* | zerbrach, -en |
| *sí* | lief (liefen) weg | *bú* | verschwand, -en |
| *ƒa* | zwitscherte, -n | *kɔ́* | ist, sind (waren) hoch |
| *sɔgbɔ* | (auch *sɔgbɔ́*) ist, sind, war zahlreich | *trê* | Kürbisschale, Kalebasse |
| *lã* | Tier | *ɖeví* | Kind |

3.

## Das persönliche Fürwort als Subjekt.

### Das Hilfszeitwort *le* sein.

*me* ich, *è*, *nè* du, *é*, *wò* er sie es, *mí* wir, *mi* ihr, *wó* sie.

Die 2. und 3. P. Ez. und die 1. und 2. P. Mz. unterscheiden sich nur durch den Ton. Die 2. P. Ez. lautet *è* am Satzanfang, *nè* im Satzinnern: *èle afî* du bist hier, *afî nèle* hier bist du. Die 3. P. Ez. lautet *é* am Satzanfang, *wò* im Satzinnern: *élè afî* er ist hier, *afî wòle* hier ist er. — *è, nè, wò* werden in der üblichen Rechtschreibung immer mit dem Tieftonzeichen versehen.

Das Geschlecht wird weder im Fw. noch im Hw. unterschieden.

| | | | |
|---|---|---|---|
| *mele afî* | ich bin (war) hier | *míelè afî* | wir sind (waren) hier |
| *èle afî* | du bist (warst) hier | *miélè afî* | ihr seid (waret) hier |
| *élè afî* | er sie es ist (war) hier | *wólè afî* | sie sind (waren) hier |

*ɖeví lá le afî* das Kind ist hier
*ameawó le afíma* die Leute sind dort.

*Le* bedeutet wo, wann oder wie sein. Der Vokal *é* in der Wortmitte der 1. und 2. P. Mz. ist eine Einfügung.

## Postpositionen.

Postpositionen sind Hw., die einen Raum bezeichnen. Sie stehen nach dem Hw., das sie näher bestimmen und vertreten häufig deutsche Präpositionen.

*xɔ* Haus, *xɔ me* des Hauses Innenraum, im Hause, in das Haus
*atí dzí* des Baumes Oberseite, auf dem (den) Baum
*amewó gbɔ́* der Leute Seite, bei, zu, nach den Leuten
*avé* Wald, *avé megbé* des Waldes Rückseite, hinter dem Walde
*nya* Wort, Sache, *nya ta* der Sache Kopf, d. h. wegen der Sache.

*Ɖevíwo le xɔ me. Xevíwo le atí dzí. Ameawó le agbleawó me. Lã lá le atí lá gbɔ́. Towó le avé me. Míelè xɔ me. Élè afíma. Ga lá le yibɔɔ. Afíma wólè. Afíma wòle. Afíka akɔɖúawo le? Wólè mɔ́ dzí. Ameawó le yibɔɔ. Élè xɔ megbé.*

Die Leute sind im Hause. Die Kinder sind in der Schule. Vögel sind auf den Bäumen. Sie sind dort. Die Frauen sind in den Feldern. Er war dort. Die Leute waren auf dem Wege. Die Wege sind breit. Die Banane war gut. Die Bäume sind hoch. Der Wald ist groß. Der Vogel zwitscherte.

| | | | |
|---|---|---|---|
| *avé* | Wald | *nyɔ́nù* | Frau |
| *sukûxɔ̀* | Schulhaus | *yibɔɔ* | schwarz |
| *afíma* | dort, dorthin | *afíka* | wo, wohin? |

## 4.

### Das Hilfszeitwort *nyé* sein.

| | |
|---|---|
| *menyé ŋútsù* ich bin (war) ein Mann | *míenye ŋútsùwó* wir sind (waren) Männer |
| *ènyé ŋútsù* du bist (warst) ein Mann | *miénye ŋútsùwó* |
| *énye ŋútsù* er sie es ist (war) ein Mann | *wónye ŋútsùwó* |

*nyé* heißt jemand oder etwas sein; *énye fia* er ist Häuptling; *Kofí énye* (oder *nyé*) *ŋútsù Kofi* ist ein Mann; *énye xɔ* es ist ein Haus, aber *élè xɔ me* es ist im Hause.

### Der Aorist des Zeitwortes.

| | |
|---|---|
| *meyi* ich ging, bin, war gegangen | *ame lá yi* der Mensch ging |
| *èyi, éyì, míeyì, miéyì, wóyì* | *ameawó yi* die Leute gingen. |

Der Aorist bezeichnet allgemein die Vergangenheit. Ein Unterschied zwischen Imperfekt, Perfekt und Plusquamperfekt wird in der Regel nicht gemacht. Die vollendete Handlung kann durch Anfügung des Zw. *vɔ* ‚fertig sein' ausgedrückt werden: *éyì vɔ* er ging (und es) ist fertig: er ist oder war gegangen.

### Der unbestimmte Artikel.

Er wird meistens nicht ausgedrückt, *xɔ* bedeutet ‚Haus' und ‚ein Haus'. *Xɔa ɖé* d. h. das Hw. mit dem Artikel *-a* und dem Wort *ɖé* eins bedeutet ein gewisses Haus.

*Ɖevíwo yi xɔ me. Ŋútsùawó vá. Wónye nyɔ́nùwó. Énye agble. Wónye fiawó. Énye atí. Wógblɔ̀ nya. Míeyì avé me. Míelɔ̃. Nyiwó sí. Fia lá kú. Wówù amea. Menyé yevú. Fiaa le xɔ me. Wó kátã yi agble me, gaké ɖevíawo le afé me. Égbè énye Kwasíɖa. Atía ɖé le agble me. Míekpɔ yevú lá.*

Der Häuptling ist gekommen. Die Leute sind auf den Feldern. Es ist eine Frau. Er ist gestern gestorben. Wir sind Europäer. Es ist ein Baum. Die Männer kamen. Sie sind einverstanden. Sie alle gingen in den Wald. Es ist gut. Die Bäume sind groß. Wir waren einverstanden. Die Frauen gingen. Sie sind Europäer

| | | | |
|---|---|---|---|
| *fia* | Häuptling | *nyi* | Rind, Kuh |
| *yevú* | Europäer | *afé* | Gehöft, Heim |
| *Kwasíḍa* | Sonntag | (*le*) *afé me* | zu Hause |
| *vá* | kommen | *gblɔ* | sagen |
| *lɔ̃* | einverstanden sein, wollen | *kú* | sterben |
| | | *fle* | kaufen |
| *wu* | töten | *égbè* | heute |
| *kpɔ́* | sehen, finden | *mí kátã* | wir alle |
| *etsɔ* | morgen, gestern | *gaké* | aber |

## 5.

## Kasus des Hauptwortes.

Nominativ und Akkusativ sind an ihrer Stellung im Satz kenntlich: *ŋútsù kpɔ́ dzatá* (ein) Mann sah (einen) Löwen. Der Genetiv steht vor dem regierenden Hw., meist durch *fé* mit ihm verbunden: *amea fé xɔ* des Menschen Haus. Seltener wird *fé* weggelassen, so bei Ausdrücken verwandtschaftlicher Beziehung: *Kofí nɔví* Kofis Bruder, *ḍevía dadá* des Kindes Mutter; auch bei *'ŋkɔ* Name: *yevúa 'ŋkɔ* des Europäers Name; und immer bei den Postpositionen: *atía gbɔ́* des Baumes Seite, bei dem Baum.

Auch der Dativ kann durch bloße Stellung ausgedrückt werden: *éna ga ŋútsùa* er gab Geld (dem) Mann; *wɔ́fiâ nú ḍevíawo* sie zeigten Ding den Kindern, sie unterrichteten die Kinder. Viel häufiger wird aber der Dativ durch das Verb *ná* ‚geben' ausgedrückt: *égblɔ̀ nya ná fia* er sagte Wort gab Häuptling, er sagte dem Häuptling ein Wort; *étsɔ akɔḍúwo yi ná nyɔ́nùawó* er nahm Bananen ging gab den Frauen, er brachte den Frauen Bananen.

### Das Zw. *tsɔ́* nehmen

wird häufig zur Einführung einer Handlung gebraucht: *étsɔ así ɖu nú* er nahm Hand aß Ding, er aß mit der Hand; *wótsɔ atí tu xɔ* sie nahmen Holz bauten Haus, sie bauten ein Haus aus Holz.

### Das unbestimmte und das bestimmte Objekt.

Das transitive Zw. hat immer ein Objekt; soll kein bestimmtes genannt werden, so nimmt man ein unbestimmtes wie *nú* Ding, *ame* Mensch; ‚essen' ist *ɖu nú* essen Ding, dagegen mit bestimmtem Objekt: *ɖu abólò* essen Brot; töten ist *wu ame* töten Mensch, schlachten *wu lã* töten Tier; mit bestimmtem Objekt: *wówù to* sie töteten einen Büffel; singen ist *dzi ha* singen Lied.

*Ameawó le mɔ́ dzí. Fia fé agblewó lolo. Wótsɔ ga ná ɖevía. Yevúa fé xɔ didi. Akɔɖúawo bɔbɔ. Nyɔ́nùawó fé trêwó gba. Ɖevíawo sí. Afíka fia fé nyiwó le? Wólè avé me. Élè afíma. Ɖevíawo le nyɔ́nùawó gbɔ́. Étsɔ ga ná ameawó. Égblɔ̀ nya lá ná yevúawo. Míenye fia fé ɖevíwo. Nyɔ́nùawó vá etsɔ. Ŋútsùawó kpɔ́ dzatá. Yevúa nɔví vá. Kofí dadá kú. Ɖevía 'ŋkɔ énye Kofí. Mefíâ nú ɖevía. Ŋútsùwó tsɔ́ atí tu xɔ. Wótsɔ abólò yi ná ameawó. Wó kátã tsɔ́ así ɖu nú. Nyɔ́nùawó dzi ha. Wógblɔ̀ nya ná ŋútsùwó. Fia nɔví kú etsɔ. Mí kátã vá etsɔ.*

### 6.

### Die Zukunft des Zeitwortes (*á*).

| | | | |
|---|---|---|---|
| *máva* | ich werde kommen | *míava* | wir werden kommen |
| *àvá* | du wirst kommen | *miáva* | ihr werdet kommen |
| *áva* | er sie es wird kommen | *wóava* | sie werden kommen |

Im Futurum tritt vor das Verb ein hochtoniges *a*, das in der 2. P. Ez. infolge des Tieftones des nicht gesprochenen, aber gleichsam verborgen vorhandenen Tieftones des persönlichen Fürwortes (*è*, *nè*) mit Tiefton gesprochen wird.

In einzelnen Dialekten hat das *a* des Futurums statt des hohen einen steigenden Ton, man sagt dort also *măvá* statt *máva*.

In der 3. P. Ez. sagt man statt *áva* auch *wòáva; áva etsɔ* er wird morgen kommen; *éye wòáva* und er wird kommen. — *Fia lá áva* der Häuptling wird kommen; *amewó áva* Leute werden kommen.

## Das objektive Personalpronomen.

| | | | |
|---|---|---|---|
| *ékpɔm̀* | er sah mich | *ékpɔ mí* | er sah uns |
| *ékpɔ wò* | er sah dich | *ékpɔ mi* | er sah euch |
| *ékpɔè* | er sah ihn (sie es) | *ékpɔ wó* | er sah sie |

Merke: *é* er, *è* ihn. *Égblɔ̀e ná mí* er sagte es uns. Ferner: das auslautende *-m* in der Bedeutung ‚mich' hat immer Tiefton, dagegen das *-m* des Progressiv (S. 9) immer Hochton: *ékpɔm̀* er sah mich, dagegen *élè atí kpɔ́m* er sieht den Baum; *éɖùm* er biß mich, *élè éɖùm'* er ist ihn beißend.

*Ame lá áku. Mákpɔ fia lá. Wó kátã áva égbè. Éwù wó. Wóflèe. Míaflèe. Megblɔe. Mágblɔ̀e. Míawù nyi lá. Míagblɔ̀e ná mi. Mekpɔ́ wó. Wóakpɔ wó. Amewó le mɔ́ dzí. Égbè míadzì ha. Wótsɔ abólò lá. Míatsɔ ga lá.*

Sie bauten das Haus aus Holz. Wir sahen es. Sie werden es sehen. Wir werden den Europäer sehen. Wir alle werden morgen kommen. Die Frauen werden es kaufen. Er zeigte uns das Haus. Er zeigte den Kindern den Europäer.

## 7.

## Die Verneinung des Zeitwortes

wird ausgedrückt durch *mé-* vor dem Zw. und *o* am Satzende.

| | | | |
|---|---|---|---|
| *nyeméva o* | ich kam nicht | *míeva o* | wir kamen nicht |
| *mèvá o* | du kamst nicht | *miéva o* | ihr kamt nicht |
| *méva o* | er sie es kam nicht | *wómeva o* | sie kamen nicht |

In der 1. P. Ez. wird für ‚ich' *nye* statt des sonst üblichen *me* gebraucht. In der 2. P. Ez. verschmelzen *mé* ‚nicht' und *è* ‚du' zu *mè*. In der 3. P. Ez. fällt das Personalpronomen *é* ganz weg, nur selten sagt man *émeva o*. In der 1. und 2. P. Mz. wird das *mé* meistens weggelassen und die Verneinung allein durch *o* ausgedrückt. — Mit Hw. als Subjekt: *Amea méva o* der Mensch kam nicht, *ameawó méva o* die Leute kamen nicht.

Die Verneinung im Futurum lautet: *nyemáva o* ich, *màvá o* du, *máva o* er, *míava o* oder *mímava o* wir, *miáva o* oder *mimáva o* ihr, *wómava o* sie werden nicht kommen.

## Und

ist *kplé*, wenn es Wörter, und *éye*, wenn es Sätze verbindet: *ŋútsù kplé nyɔ́nù* Mann und Frau; *éyì avé me, éye wòyɔ́ ŋútsùwó* er ging in den Wald und (er) rief Männer.

*Akɔɖúawo mébɔ̀bɔ o. Nyɔ́nùwó kplé ɖevíwo ási. Wómasi o. Ɖevíawo mélè afíma o. Wómenye yevúwo o. Éyì afé, éye wògblɔ nya lá ná fia. Nyeménye ɖeví o. Míekpɔ towó, wólè avé me. Ménye fia o. Wómeyì o. Yevúa fé amewó méva o. Wódim', gaké wómekpɔm' o. Mekpɔ́ ŋútsù ɖeká kplé nyɔ́nù ɖeká. Míedi atíwo, míekpɔ wó o. Miéyì xɔ me o. Afíka miéyì?*

Wir riefen die Leute, aber sie kamen nicht. Sie riefen dich, aber du kamst nicht. Wir haben dich heute nicht gesucht. Die Männer und Frauen sind auf dem Wege. Er ist nicht gegangen. Wir waren im Walde und (wir) suchten das Kind, aber wir fanden es nicht. Sie waren nicht verschwunden. Die Frau war im Hause, und die Kinder waren in der Schule. Sie kauften es nicht. Er hat es nicht gesagt. Die Leute werden dich suchen. Wir werden essen. Die Männer werden das Rind schlachten.

| | |
|---|---|
| *yɔ́* rufen | *dí* suchen, wünschen, wollen |
| *ɖeká* eins, einer | *Kofí mélè o* Kofi ist nicht da |

*éyì afé* (*me*) er ging nach Hause.

## 8.

## Progressiv und Ingressiv des Zeitwortes.

| | | | |
|---|---|---|---|
| *mele yiyim'* | ich bin (war) am Gehen | *mele yiyi gé* | ich bin (war) im Begriff, zu gehen, will gehen |
| *èle yiyim'* | du bist (warst) am Gehen | *èle yiyi gé* | du bist (warst) im Begriff, zu gehen |
| *élè yiyim'* | er ist (war) am Gehen | *élè yiyi gé* | er ist (war) im Begriff, zu gehen |
| *míelè yiyim'* | wir sind (waren) am Gehen | *míelè yiyi gé* | |
| *miélè yiyim'* | ihr seid (waret) am Gehen | *miélè yiyi gé* | |
| *wólè yiyim'* | sie sind (waren) am Gehen | *wólè yiyi gé* | |

Das hochtonige Zw. hat in der Verdoppelung auf der 2. Silbe Hochton, auf der ersten aber Tiefton: *vá* kommen, *élè vavám* er ist kommend, *élè vavá gé* er will kommen.

Hat ein Zw. nach dem 1. Konsonanten noch ein *l* oder *r*, so wird dies in der 1. Verdoppelungssilbe nicht wiederholt: *blá* binden, *élè bablám* er ist bindend; *trɔ́* wenden, *élè tɔtrɔ́m* er ist wendend.

Mit Objekt *tu xɔ* bauen Haus

| | | | |
|---|---|---|---|
| *mele xɔ tum'* | ich bin, war am Hausbauen | *mele xɔ tu gé* | ich bin im Begriff, ein Haus zu bauen, will ein Haus bauen |

Verneint: *nyemélè yiyim' o* — *nyemélè yiyi gé o*
*wómelè xɔ tum' o* — *wómelè xɔ tu gé o.*

Der verneinte Ingressiv drückt auch das verneinte Futurum aus:

*wómelè vavá gé o* sie werden nicht kommen
*ɖevía le nú ɖum'* das Kind ist (war) am Essen
*ŋútsùwó tu xɔ ná fia* die Männer bauten ein Haus für den Häuptling.

*Wólè dɔ́ wɔ gé. Míelè nú ɖum'. Ŋútsùwó le xɔ tu gé ná fia. Wólè atíwo tsom'. Míelè tsi no gé. Amewó le vavám. Nyɔ́nùwó le nú ɖam'. Míelè Lome yi gé. Wóyì asi me nú fle gé. Mese ɖevíwo wólè ha dzim'. Éyì afíma. Édi adelá fé tú, gaké mékpɔè o. Sukûvíwo le afé yi gé. Xevíwo le fafam'. Éyì xɔ megbé. Ɖevíwo le nú srɔ̃ gé. Wó kátã le fia gbɔ́ vá gé. Ameawó mélè nú ɖum' o. Wómelè sisí gé o. Trêa mélè gbagba gé o. Ga lá mélè bubú gé o. Wómelè ɖeví lá dí gé o. Wólè tɔtrɔ́m. Wómelè tɔtrɔ́ gé o.*

Er will ein Fahrrad kaufen. Die Kinder sind am Spielen. Ich ging gestern zum Häuptling. Die Männer sind am Essen. Die Frauen waren am Singen. Er wird morgen kommen. Die Leute gingen dorthin, und einige sind hier. Er kaufte Holz und Eisen, denn er hatte die Absicht, ein Haus zu bauen. Heute aßen wir Jams und Reis. Wir suchten die Kalebassen, aber wir fanden sie nicht. Sie waren nicht einverstanden. Er war am Kommen. Die Männer wollen gehen. Sie sind im Begriff, zu essen. Wir waren im Begriff, zu arbeiten. Sie sind am Baumfällen.

| | | | |
|---|---|---|---|
| *wɔ* | tun, machen | *wɔ dɔ́* | tun Arbeit, arbeiten |
| *tso* | abschneiden, fällen | *no* | trinken |
| *ɖa* | kochen | *se* | hören |
| *srɔ̃* | lernen | *fé* | spielen |
| *ɖô tó* | hinhalten Ohr, aufmerken | *tsi* | Wasser |
| | | *gasɔ́* | Eisenpferd, Fahrrad |
| *asi* | Markt | *mɔ́li* | Reis |
| *te* | Jams | *sukûví* | Schulkind |
| *adelá* | Jäger | *tú* | Flinte |
| *élàbéna* | denn, weil | *ɖéwo* | einige |

*éyì nú fle gé* er ging etwas zu kaufen.
*éyì Lome* er ging nach Lome. *éva afé* er kam nach Hause.

## 9.

## Die adverbiale Bestimmung mit *le*.

Jede adverbiale Bestimmung, die einen Ort (eine Zeit, einen Zustand), nicht eine Richtung bezeichnet, wird eingeleitet durch *le* ‚sein‘. Eingeschlossen sind auch solche Ortsbezeichnungen, die in übertragenem Sinn gebraucht werden. *Éḍù nú le afíma* er aß dort, aber *éyì afíma* er ging dorthin; *wóflè nú le asi me* sie kauften auf dem Markt, aber *wóva asi me* sie kamen auf den Markt.

*Ɖevíwo le fefém le asi me. Sukûvíawo le nú srɔ̃m le sukûxɔ me. Míekpɔ lãwó le avé me. Wólè nú ḍu gé le fia gbɔ́. Wóyɔm', mese wó, éye mevá. Wɔ́nò tsi le agble me. Afíka Kofí le? Mélè o, éyì agble me, élè dɔ́ wɔm' le afíma. Wóflè gasɔ́ le yevú gbɔ́. Míeḍù mɔ́li kplé te le yevú fé xɔ me. Ɖéwo le trêwó flem' le asi me. Wólè te ḍam' le nyɔ́nùa fé xɔ me. Ŋútsùwó le atíwo tso gé le avé me. Wótù xɔ le agble me. Wómelè yiyi gé égbè o. Nyemáva afî o. Wólè lãwó wu gé le avé me. Nyɛ́nùwó mélè tó dó gé o.*

## 10.

## Das absolute Personalpronomen.

| | | | |
|---|---|---|---|
| *nye* | ich | *míawo* | wir |
| *wò* | du | *miawó* | ihr |
| *éya*, *éyà* | er sie es | *wóawo* | sie |

Sie haben nachdrückliche Bedeutung und stehen nicht unmittelbar vor dem Zw. als dessen Subjekt.

Das einfache Personalpronomen *é* (er sie es) tritt häufig an ein anderes Wort und bedeutet dann ‚ist es‘: *xɔé* ein Haus ist es, *xɔwóe* Häuser sind es, *xɔ gãe* ein großes Haus ist es, *xɔ láe* das Haus ist es. Ebenso an die absoluten Personalpronomen:

| | | | |
|---|---|---|---|
| *nyeé* | ich bin es | *míawoe* | wir sind es |
| *wòé* | du bist es | *miawóe* | ihr seid es |
| *éyae* | er ist es | *wóawoe* | sie sind es |

*nyeé wɔe* ich bin es (der) es tat: ich habe es getan
*wóawoe vá* sie sind es (die) kamen: sie kamen.

*Ŋútsùwó le vú fom' le gbé me. Nyɔ́nùwó le agbeli dó gé le agble me. Wó kátã dô γlí. Miawóe kom. Nyeé gblɔe ná fia. Atíe. Atíwoe. Wóyɔm', mese wó, éye mevá énumake. Ɖéwo le nu kom', ɖéwo le aví fam', éye ɖéwo le ha dzim'. Mekpɔ́ ŋútsù ɖeká, élè vú fom', éye nyɔ́nùwó kplé nyɔ́nùvíwo le γe ɖúm. Édô γlí le vɔvɔ̃ ta. Fia fé vúe. Gbé gǎe. Fiaé. Wó kátã le nu fom'. Míelè akáɖi sí gé. Mese γlí le avé me. Lãé. Wó kótã ko ame lá.*

Die Männer arbeiteten auf den Feldern des Häuptlings. Der Europäer ist es. Die Frau weinte vor Furcht. Sie sind es, die einverstanden waren. Ich bin es, der die Frau im Hause gesehen hat. Die Mutter zündete die Lampe an. Ein Feuer brannte im Busch. Kinder hatten das Feuer angezündet, und (sie) waren weggelaufen. Wo sind die Mädchen? Ich sah sie im Hause des Vaters. Einige waren am Arbeiten, aber einige spielten. Sie pflanzten Maniok im Garten des Häuptlings. Sie alle waren am Sprechen.

| | | | |
|---|---|---|---|
| *sí* | anzünden | *bi* | brennen |
| *dó, fa* | pflanzen | *fo* | schlagen |
| *dó* | hineintun | *fo nu* | sprechen |
| *ko ame* | auslachen | *fo vú* | Trommel schlagen |
| *ko nu* | lachen | *γe* | Tanz; *ɖú γe* tanzen |
| *dzo* | Feuer | *dó dzo* | Feuer anmachen |
| *aví* | das Weinen | *fa aví* | weinen |
| *γlí* | Schrei | *dô γlí* | schreien |
| *akáɖi* | Lampe | *abɔ́* | Garten |
| *agbeli* | Maniok | *nyɔ́nùví* | Mädchen |
| *fofó, tɔ́* | Vater | *dadá, nɔ* | Mutter |
| *vɔvɔ̃* | Furcht | *le vɔvɔ̃ ta* | aus Furcht |
| *nu* | Mund | *nú* | Ding |
| *gbé* | Gras, Kraut, Busch | *vú* | Trommel |
| *énumake* | sofort, sogleich | *gǎ* | groß |

## 11.

## Die Habitualform des Zeitwortes.

| ohne folgendes Objekt | | mit folgendem Objekt | |
|---|---|---|---|
| *mewɔna* | ich pflege (pflegte) zu tun | *mefoa vú* | ich pflege die Trommel zu schlagen |

*wóyɔa wò* sie pflegen dich zu rufen; *wóseam* sie pflegen (pflegten) mich zu hören.

Das *-na*, *-a* hat den Ton des Zw., dem es angefügt ist.

Ist das Personalpronomen der 3. P. Ez. Objekt, so bleibt *n* erhalten und *ae* wird zu *ε: mewɔnε* ich pflege es zu tun; aber *metsɔ́nε̂* ich pflege es zu nehmen, aus *metsɔ́naè*.

Verneinung: *nyeméwɔ̀na o, nyeméfòa vú o.*

Die Habitualform drückt gewohntes, regelmäßig wiederholtes Tun, Gewohnheiten und Lebensregeln aus.

| | |
|---|---|
| *Énò tsi le trê me* | er trank Wasser aus der Kalebasse |
| *étso avé me vá* | er kam aus dem Walde |
| *tsɔ́è yi* | nimm es geh: trag es hin, weg, fort |
| *tsɔ́è vá* | nimm es komm: bring es her. |

*Avŭwo ɖua fúwo. Míeflèa dze le yevúwo gbɔ́. Ɖevíawo ke ɖi. Ŋútsùawó le ɖi kem'. Amewó vána. Lăwó kúna. Wówɔ̀a dzre. Lăwó ɖua gbé. Wófiaâ nú mí. Nyɔ́nùwó flea blî le asi me. Xevíwo fana. Trêwó gbana. Mekpɔ́nε̂. Wóyɔnε̂. Wólè ga dím. Ga mélè o. Wótùa xɔwó. Ɖevíwo srɔ̃â nú.*

| | | | |
|---|---|---|---|
| *dzre* | Streit | *koklô* | Huhn |
| *avŭ* | Hund | *fú* | Knochen |
| *dze* | Salz | *así* | Hand, *blî* Korn, Mais |
| *ke ɖi* | disputieren | *ɖu* | beißen, essen, fressen |
| *dome* | Zwischenraum, zwischen | *tsó* | herkommen von |

## 12.

## Das Possessivpronomen.

| | | | |
|---|---|---|---|
| *nye xɔ* | mein Haus | *míafe xɔ* | unser Haus |
| *wò xɔ* | dein Haus | *miafé xɔ* | euer Haus |
| *éfe xɔ* | sein Haus | *wófe xɔ* | ihr Haus |

In der 1. und 2. P. Ez. kann das Pronomen nachgestellt werden: *xɔnye* mein Haus, *xɔwò* dein Haus; *xɔnyewó* meine Häuser, *agblewòwó* deine Felder, *le agblenye me* auf meinem Felde.

In Ausdrücken verwandtschaftlicher Beziehung, in Postpositionen und einigen anderen Fällen wird *-fé* weggelassen: *mía dadá* unsere Mutter, *wó fofó* ihr Vater, *émègbé* seine Rückseite, nach ihm, danach, *mia ŋgɔ* eure Vorderseite, vor euch, *éŋkɔ* sein Name.

Bei Verwandtennamen dient gern der Artikel *-a* als Possessivpronomen der 3. P. Ez.: *fofóa* heißt der Vater und sein Vater.

### Das Possessivpronomen als Hauptwort

wird gebildet mittels *tɔ* Eigentum.

| | | | |
|---|---|---|---|
| *Tɔnye* | das meine | *mía tɔ* | das unsere |
| *tɔwò* | das deine | *mia tɔ* | das eure |
| *étɔ̀* | das seine | *wó tɔ* | das ihre |

*ɖevíwo tɔ* das der Kinder. *Xɔ lá énye mía tɔ* das Haus gehört uns.

*Wófe blĩ sɔgbɔ. Agble lá énye wó tɔ. Koklônyèwó bú. Lăkle ɖu wó. Tɔwòé. Wó tɔé. Éfe atí kú. Míafe xɔ mélòlo o, mia tɔ lolo. Wólè afényè me. Fofówò vá, élè afĩ le xɔnye me. Éfe amewó méyì o. Yevú ɖu nú le gbɔ́nyè. Míelè égbɔ yi gé.*

*Hótsui énye ame. Dzre mélè ŋkú kplé alɔ̃ dome o. Fofó kplé ví mékèa ɖi o. Núnya lá, adidóe, así métùnɛ o. Né lăkle mélè afé o lá, dzogolo zua dzatá. Ko édzìa adã. Koklô le xɔ me ményа kúgbè o. Avũ ɖu fú, méɖùa kpé o. Kesinɔtɔ́ flea dze, méflèa agbe o. Ame ɖeká mésubɔa ame eve o. Atí ɖeká méwɔ̀a avé o. Amegbetɔ́ ménya éfe kúgbè o.*

Wir töteten einen Leopard im Walde. Er gab den Hühnern Korn. Wir gaben dem Hund die Knochen. Der Löwe frißt (Hab.) Fleisch. Die Kinder lernen (Hab.) in der Schule. Die Leute arbeiten (Hab.) auf den Feldern. Kinder spielen (Hab.).

Vögel zwitschern (Hab.). Bring den Baum her! Er trug die Kalebassen fort. Er pflegt in den Wald zu gehen. Die Frauen pflegen auf den Markt zu gehen.

| | | | |
|---|---|---|---|
| *hótsui* | Kauri, Geld | *alɔ̃* | Schlaf |
| *lăkle* | Leopard | *ví* | Kind, Sohn, Tochter |
| *ŋkú* | Auge | *núnya* | das Wissen |
| *adidó* | Affenbrotbaum | *dzogolo* | Zibetkatze |
| *dzatá* | Löwe | *ko* | Mangel; nur |
| *adă* | Zorn | *kúgbè* | Todestag |
| *kpé* | Stein | *kesinɔtɔ́* | Reicher |
| *amegbetɔ́* | Mensch, Menschenkind | *dzi* | gebären, zeugen, erzeugen |
| *tu* | umfassen | *zu* | werden |
| *nyá* | wissen | *eve* | zwei |
| *lá* | Satzartikel | *súbɔ* | dienen |
| *né* | wenn | *así* | Hand |

13.

## Haben.

(a)

| | | | |
|---|---|---|---|
| *ga le asínyè* | ich habe Geld | *ga le mía sí* | wir haben Geld |
| *ga le asíwò* | du hast Geld | *ga le mia sí* | ihr habt Geld |
| *ga le ési* | er hat Geld | *ga le wó sí* | sie haben Geld |

*ga le asínyè* ist wörtlich: Geld ist Hand meiner. In der 3. P. Ez. ist das *a* von *así* weggefallen und an seine Stelle das Possessivpronomen *é* getreten; auch in den 3 Personen der Mz. wird das *a* von *así* weggelassen.

(b)

| | | | |
|---|---|---|---|
| *ta li nám̀* | ich habe einen Kopf | *afɔ eve li ná mí* | wir haben zwei Füße |
| *ta li ná wò* | du hast einen Kopf | *afɔ eve li ná mi* | |
| *ta li nɛ̂* | er hat einen Kopf | *afɔ eve li ná wó* | |

*ta li nám'* bedeutet: Kopf ist mir; *ná* ‚geben' dient hier nur dem Ausdruck des Dativs; *nê* ist entstanden aus *náè*.

Die Form (a) zeigt Besitz, (b) Zugehörigkeit an.

*Ménye* es ist nicht

dient häufig zur Verneinung eines Haupt- oder Fürwortes: *ménye Kofí o* es ist nicht Kofi; *ménye wò o* nicht du bist es; *ménye kesé wònyé o* es ist nicht (der Fall, daß) es ein Affe ist: es ist kein Affe.

*Ménye gbékuwo kátã miena o. Ménye núwo kátã wóɖùna kplé dze o. Ménye da kplé víawo ɖua ame háfi wòkúna o. Ménye didime wómlɔa anyí o, wóxatsana víe. Fofó li nám', gaké dadáa kú. Nɔvía gblɔe ná mí. Wómelì o. Xɔ eve le wó sí. Ménye nye o lòo! Ánye nɔvínyè. Adeláwo yi avé me, éye wónɔ̀ afíma ŋkeke blíbò ɖeká, gaké wómekpɔ náneke o, négbe kesé ɖeká ko wókpɔ. Égbè kpaa nyeméɖù nú ɖéke o, éyata máyì asi me, máflè te kplé dze víaɖe máɖù, éye émègbé mádzè déhà trê ɖeká mánò. Dzre le wó dome, éyata wómegblɔ̀ nya ɖéke o. Ame kúna, agbe mavɔ mélì ná ame o. Dzo bi gbé, mébìa gbéke o. Ŋútsùwó le aha no gé le fia fé xɔ me. Da ɖu kesé lá wòkú. Wólè mía gbɔ́ nɔ gé ŋkeke eve.*

Sie suchten Grassamen und (sie) aßen sie. Ich habe alle Dinge gesehen, ausgenommen nur des Häuptlings Haus. Er gab mir ein wenig Palmwein. Wir sahen einen Affen auf dem Baum. Er legte sich nieder und (er) rollte sich zusammen. Nicht dich habe ich gerufen. Die Schlange hat ein Kind gebissen, und es ist gestorben. Die Europäer wollen hier ein Haus bauen, deshalb sind die Leute gekommen. Sie blieben zwei Tage bei uns.

| | | | |
|---|---|---|---|
| *didime* | Länge, der L. nach | *gbéku* | Grassame |
| *gbéke* | Graswurzel | *anyí* | Erde, Boden |
| *ŋkeke, gbe* | Tag | *kése (kesé)* | Affe, Pavian |
| *aha* | Rauschtrank | *déhà* | Palmwein |
| *núwo kátã* | alle Dinge | *nɔví* | Geschwister, Bruder |
| *da* | Schlange | *víe, víaɖe* | ein wenig |

| | | | |
|---|---|---|---|
| *mie* | keimen | *xátsa* | sich zusammenrollen |
| *no* | trinken | *nɔ* | sich aufhalten, bleiben, wohnen |
| *mlɔ́ anyí* | sich niederlegen | *blíbò (blíbo)* | ganz |
| *dze* | (Flüssiges) kaufen | *ɖéke* | irgend ein |
| *négbe* | außer, ausgenommen | *háfi* | bevor |
| *égbè kpaa* | heute den ganzen Tag | *éyata* | deshalb |
| *mavɔ* | unendlich, ewig | *li* | da, vorhanden sein |
| *kplé* | und, mit | *lòo* | ein Ausruf |
| *éyì afé* | er ging in seine Heimat | *éyì afé me* | er ging nach Hause |

## 14.

### Das Hilfszeitwort *nɔ*.

*Nɔ* heißt sich aufhalten, bleiben, verweilen, dauern. Es kann die Vergangenheit zu *le* ausdrücken: *énɔ̀ afíma* er verweilte dort, war dort. Außerdem verwendet man es in Progressivformen:

*menɔ yiyim'* ich beharrte zu gehen, war dauernd am Gehen
*mánɔ̀ yiyim'* ich werde dauernd am Gehen sein
*menɔa yiyim'* ich pflege oder pflegte dauernd am Gehen zu sein.

Mit Objekt: *menɔ xɔ tum'* ich war dauernd am Hausbauen.

### Das Futurum durch *lá*

wird im Westewe selten gebraucht: *mláyì* ich werde (bestimmt) gehen, *élayì* oder *láyì* er wird (bestimmt) gehen.

### Der Ingressiv nachgestellt.

Steht zur Hervorhebung das Zw. an der Satzspitze und kommt so *le* ans Ende, so tritt folgender Vokal- und Tonwechsel ein: *mele yiyi gé* ich will gehen, *yiyi gé mála* (*màlá*) gehen will ich; *nála* (*nàlá*) du, *wòála* er, *míala* wir, *miála* ihr, *wóala* sie.

## Die Endung *-fé* Ort an Zeitwörtern.

*wóyì núḍùfé* sie gingen Ding-eß-Ort, d. h. um zu essen, zum Essen

*ḍevíwo le feféfe* die Kinder sind (waren) am Spiel-Ort: am Spielen.

*Wónɔ̀ afé yim'. Adeláwo nɔa lãwó wum'. Yevú fé amewó vá xɔ tu gé ná wófe afétɔ. Étsɔ éfe agba yi. Éyì asi tsa gé. Fefé gé wóala. Nú ḍu gé míala. Mánɔ̀ amewó gbɔ́ vám. Sukûvíawo yi núḍùfé. Máyɔ nyɔ́nùvíawo vá. Mese wó wólè γlí dóm le avé me. Yevúa tsɔ́ agba nám', éye metsɔ́è yi kɔ́fe me. Amedzrówo le nú flem' kplé nú dzrám le asi me. Ɖevíwo méva afé me o. Wólè vavám. Wóva vɔ. Wó kátã mlɔ́ anyí le abá dzí. Éyɔ nyɔ́nùawó kátã vá. Wólè xɔ gbá gé égbè, éyata ŋútsùwó vá. Da xátsa le mɔ́ dzí. Éwù lãkle ḍeká kplé dzogolo ḍeká. Wómeḍùa lãkle fé lã o, ményo o, ame ḍéwo ko ḍunɛ. Wólè tsa ḍim' le agble me.*

Heute den ganzen Tag haben die Kinder nicht Wasser getrunken. Sie waren ständig am Singen. Sie werden morgen dauernd am Arbeiten sein, die Leute haben Gras gebracht, und wir werden das Haus des Häuptlings decken. Nach Hause gehen wollen sie. Spielen wollen wir. Sie werden es dir bestimmt sagen. Wir wollen dem Europäer ein wenig Palmwein bringen. Sie rollten sich zusammen und (sie) legten sich nieder auf der Matte. Wir suchten Essen, aber wir fanden nichts (nicht irgend etwas) außer ein wenig Jams und Maniok.

| | | | |
|---|---|---|---|
| *afétɔ* | Hausherr, Herr | *afénɔ̀* | Hausfrau, Herrin |
| *kɔ́fe* | Feldweiler, Dorf | *amedzró* | Fremder |
| *abá* | Matte, Bett | *be* | Gras zum Dachdecken |
| *núḍùḍu* | Essen, Speise | *núa ḍéke* | irgend etwas (nur in Verneinung) |
| *tsa* | umhergehen | | |
| *ḍi tsa* | spazieren gehen | *tsa asi* | Märkte besuchen, Handel treiben |
| *yɔ́ ame vá* (oder *vɛ̂*) | jemand herrufen | *dzrá* | verkaufen |
| *kplɔ ame yi* | jemand hingeleiten | *gbá xɔ* | Haus decken |

## 15.

### Imperativ.

*yi* geh! *miyi* geht!
*náyì* du sollst gehen *náyì*, *néyì* er soll gehen
*né wóayì*, *né wóyì*, *wóneyì* sie sollen gehen
*ame lá náyì* der Mensch soll gehen, *ameawó náyì* die Leute sollen gehen
*míyì*, *ná míyì*, *ná míayì*, *vá míyì* laß uns gehen
*miná míyì*, *miná míayì* laßt uns gehen

### Der verneinte Imperativ.

| | | | |
|---|---|---|---|
| *megayi o* | geh nicht | *migayi o* | geht nicht |
| *mégàyi o* | er soll nicht gehen | *mímagàyi o* | wir sollen nicht gehen |
| *mágàyi o* | | *mimágàyi o* | ihr sollt nicht gehen gehen |
| *nágàyi o* | | *wómagàyi o* | sie sollen nicht gehen |

*ame lá mágàyi o* der Mensch soll nicht gehen, *ameawó mágàyi o* die Leute sollen nicht gehen.

Der Hochton eines auslautenden Vokals überträgt sich auf den tieftonigen *a*-Anlaut des folgenden Wortes, wenn dies auch in der 2. Silbe Tiefton hat; so wird *kpɔ́ ame* ‚einen Menschen sehen‘ gesprochen: *kpɔ́ ámè*, *tsɔ́ alɔ* einen Zweig nehmen: *tsɔ́ álɔ̀*.

Die im verneinten Imperativ gebrauchte Silbe *-ga-* kommt auch in der Bedeutung ‚wieder, noch, (nicht) mehr‘ vor: *égàyi* er ging wieder, *égàle afî* er ist noch hier, *mégàle afî o* er ist nicht mehr hier.

*Miblá agbawó! Amewó náfɔ! Né wóaŋlɔ̀ agblea! Ɖevíwo mágàfɔ́ o! Mitsɔ̂ wɔ́ lá dé trê me! Ku tsi vá nám̀! Wónefɔ̀ trêawó yi xɔ me! Migablu wɔ́ lá o! Mégàvá o lɔ̀o! Náwɔ̀e!*

*Wónewù lã lá! Miná míawɔ̀e! Wómagàŋlɔ agble o! Megagblɔe o! Ná míadzra nyi lá! Miyɔ́ wó vá! Wómagàmlɔ́ anyí o! Minɔ afî, migayi afíma o! Wókplɔ̀m yi afé me.*

| | | | |
|---|---|---|---|
| *fɔ́* | aufstehen | *fɔ* | aufheben |
| *blá* | binden, packen | *blu* | umrühren |
| *ŋlɔ* | hacken, schreiben | *dé* | hineintun |
| *ku* | schöpfen, graben | *wɔ́* | Mehl |

*agba* Traglast

## 16.

## Zeitwörter des Sagens.

Den Zw., die ein Sagen, Fragen, Denken, Wollen, Müssen ausdrücken, folgt *bé* oder *béna*, das ‚sagen' bedeutet und häufig unserem ‚daß' entspricht. Das dem *bé*, *béna* folgende Zw. steht, wenn die Handlung sich auf die Zukunft richtet, entweder im Futur, das hier also konjunktivische Bedeutung hat, oder in einer der Sollensformen des Imperativs (15): *égblɔ̀ bé máva* oder *ébe máva* er sagt(e), ich solle kommen; *wódi bé míayɔ fia lá* sie wünschten, daß wir den Häuptling riefen; *mesúsu bé mágàyi o* ich denke, er wird nicht wieder gehen.

*Né máyì* daß ich gehe; *né máyɔè* daß, damit, ich ihn rufe; *né náva* daß, damit, du kommest; *máyì né mákplɔ̀e vɛ̃* ich werde gehen, daß ich ihn herführe.

*Ɖa-* um zu: *éyì ɖaku azí* er ging, um Erdnüsse zu graben.

*Mivá né mágblɔ̀e ná mi. Megagblɔe o lɔ̀o! Máva gblɔe ná wó xóxo. Ɖevíwo mágàgé ɖé xɔ me o. Vá mísi! Lãwó mégàle avé me aló gbé me o, yevúwo wu wó kátã. Mele didím bé mi kátã miáva xɔnye me, né mátsɔ núɖùɖu kplé aha ná mi. Fofónyè gblɔ nám̀ béna: „Etsɔ Dzóɖa nye kplé wò míayì gbé me agble ŋlɔ gé". Dzóɖa ŋdí mefɔ́ kába, fofónyè tsɔ́ agbeli dé kotokú me, éye wòtsɔ́ agblenú nám̀. Ále míedzè mɔ́ yi agble me. Le agble me xɔ swɛ́ ɖé li, le xɔa me míedo dzo. Fofónyè gblɔ nám̀ bé máyì ɖaku tsi vɛ̂. Metsɔ́ trê ku tsia vɛ̂. Míedo dzo, éye fofónyè gblɔ nám' bé mákù tsi ɖé zé me, éye mewɔe. Étsɔ̂ zé lá ɖó dzo dzí. Tsi lá fie, éye míeɖù nú. Émègbé míedzè dɔ́wɔ̀wɔ gɔme. Míewɔ̀ dɔ́ ŋkeke blíbò; míeŋlɔ̀ agble blíbò lá. Le fiẽ me fofó gblɔ bé: „Mielè afé yi gé.“ Mefɔ nákè, mebláè, éye fofónyè tsɔ́è ɖó ta nám'. Ále míetrɔ yi afé me. Míeɖù nú, éye ŋútsùawó no aha. Le núɖùɖu megbé fofónyè gblɔ nám' bé mámlɔ anyí kába, élàbéna etsɔ míegàle yiyi gé. Ále wòfía dɔ́wɔ̀wɔ mí ɖevíwo, éye míesrɔ̃è.*

Wir brachen auf nach Lome. Sie gingen nach Kpando, um Sachen zu kaufen. Geht heute nicht zum Häuptling! Sie sollen es nicht sagen! Sie sind schon gekommen. Die Frauen sollen das Mehl in den Topf schütten. Er sagte, wir sollten morgen nach Kpalime gehen. Wir haben Brennholz im Busch aufgelesen. Sie sollen das Haus nicht betreten! Sagt es ihnen! Ruft ihn nicht, er ist am Arbeiten. Sie kehrten um, denn der Europäer hatte sie gerufen. Er gab mir eine Hacke, und wir gingen aufs Feld. Er wünschte, daß ich gehe. Ich ging, um Wasser zu schöpfen.

| | | | |
|---|---|---|---|
| *ɖó* | hinstellen | *de* | hingelangen nach |
| *kɔ* | schütten | *fie* | sieden, kochen (intr.) |
| *gé ɖé xɔ me* | das Haus betreten | *ɖé* | hin nach, hinein |
| *azí* | Erdnuß | *ŋdí* | der Morgen, morgens |
| *dze* | Salz | *Dzóɖa* | Montag |
| *agblenú* | Hacke | *akplẽ́* | Kornkloß |
| *kotokú* | Tasche | *xóxo* | schon |
| *nákè* | Brennholz | *aló* | oder |
| *kába* | schnell, früh | *ále* | so |
| *vévie* | eifrig, tüchtig, wichtig | *swɛ́* | klein |

*dze núɖùɖu gɔme* zu essen anfangen *máva wɔe* ich werde es tun
*mí ɖevíwo* wir (uns) Kinder *trɔ́* umkehren
*dze mɔ́* aufbrechen *míedzè mɔ́ yi Kéta* wir brachen auf nach Keta
*émè* sein Inneres *étsɔè dé émè* (*démè*) er tat es in es hinein.

## 17.

## Verbalnomen und Verbaladjektiv.

a) Tieftoniges Zw.: *ḍu* essen.

| | | | |
|---|---|---|---|
| *ḍuḍu* | das Essen | *ḍuḍŭ* | eßbar, gegessen |
| *núḍùḍu* | das Dingessen | *nú ḍuḍŭ* | eßbares Ding |

b) Hochtoniges Zw.: *tsɔ́* nehmen, tragen

| | | | |
|---|---|---|---|
| *tsɔtsɔ́* | das Tragen | *tsɔ́tsɔ* | tragbar, getragen |
| *nútsɔtsɔ* | das Dingtragen | *nú tsɔ́tsɔ* | tragbares Ding |

*Amewó fé ḍuḍu* das Essen der Leute, aber *lã lá ḍuḍu* das Essen des Fleisches, d. h. der subjektive Genetiv bedarf der Partikel *fé*, der objektive nicht.

Ein nach dem 1. Konsonanten stehendes *l* oder *r* wird in der 1. Verdoppelungssilbe weggelassen, s. 8.

Verbalnomen und Verbaladjektiv werden verneint durch *ma-*, wobei meist, wenngleich nicht immer, die Verdoppelung bleibt: *nú maḍumaḍu* oder *nú maḍu* das Nichtessen, ohne zu essen oder gegessen zu haben; *agba matsɔ́* oder *matsɔ́màtsɔ́* das Nichttragen der Last, ohne eine Last zu tragen oder getragen zu haben; *vɔ* enden, *agbe mavɔ* ewiges Leben.

Der Ausüber der Handlung (nomen agentis) wird ausgedrückt durch Anfügung von *-lá* an das verdoppelte Zw. ohne Objekt und das einfache Zw. mit Objekt: *yiyilá* Geher, Gehender, *agbatsɔ́la* Lastträger.

*Dɔ́wɔ̀láwo xɔ wófe ƒetú. Agbledede énye Eveawó fé dɔ́ vévie. Wóyì gbé me náneke maḍumaḍu. Míekpɔ xɔtuláwo le dua me, wólè xɔ tum' ná wófe amegã́. Mexɔ lɛ́tà tsó núƒiala gbɔ́. Wógàle wófe núsɔsrɔ̃ dzí. Aḍákàé. Eveawó gblɔna bé: etɔ̃ énye agbe. Ɖikeke mélè émè (mél'émè) o. Wótɔtɔ nya lá, éyata amewó mésè émè (més'émè) o. Wótsɔa blĩ foa abólòe. Ame ḍeká wua atíglinyi, du blíbò ḍua nú. Édè ƒoƒóa gbɔ́, dadá gbɔ́ yiyi ézùa dɔ́. Núnyala eve mémãa hótsui etɔ̃ me o. Wólè nú ḍu gé. Ŋútsùwó le dɔ́wɔ̀fé. Ɖevíwo gamlɔ́ abá dzí. Wólè tsa ḍim' le du me. Wótsò be ḍagbá ƒia fé xɔ. Míege ḍé ƒia ƒé xɔ me. Núwo kátã vɔ.*

Ihre Arbeit ist zu Ende, deshalb sind sie nach Hause gegangen. Das Lasttragen ist Arbeit der Männer und Frauen. Das Spielen der Kinder hat die Leute erfreut. Dies ist ein eßbarer Same. Ich werde euch eine Arbeit geben. Der Händler und der Bauer trafen sich auf dem Wege. Wir verstanden seine Sprache nicht. Bringe mir den Topf. Sage es den Europäern nicht. Er ging auf den Markt, um Brot und Bananen zu kaufen. Wir gingen, um den Lehrer zu suchen.

*dɔ́* Arbeit, Mühe
*dɔ́wɔ̀lá* Arbeiter
*dɔ́wɔ̀wɔ* das Arbeiten
*de agble* Feld bestellen
*agbledede* Feldbestellung
*agbledelá* Bauer
*Eve* Ewe
*Eveme* Eweland
*Evegbe* Ewesprache
*Evea*, *Evetɔ́* Ewemensch
*fetú* Lohn
*amegã* Ältester, Herr
*lɛ́tà* Brief
*aɖákà* Kiste, Kasten
*du* Ortschaft, Stadt, Stamm
*núfiala* Lehrer
*ɖikeke* Disputation, Zweifel
*abólò* Brot
*kú* Same
*atíglinyi* Elefant
*núnyala* Weiser
*asitsatsa* Handel
*gbe* Stimme, Sprache
*agbe* Leben
*tɔ́tɔ* verwirren
*zu* werden
*kpé* (sich) treffen
*ésìa* dies
*etɔ̃* drei
*náneke* irgend etwas
*tsó* (herkommen) von
*tsó atí gbɔ́* vom Baume her
*mã* teilen
*mã núa me* die Sache teilen
*ésè nya me* er hörte der Sache Inneres: verstand die Sache
*édzɔ̀ dzi ná wó* es begradete ihnen das Herz: freute sie
*wótsɔa atí tua xɔe* sie nehmen Holz bauen (zum) Haus es: bauen das Haus aus Holz
*asitsalá* Händler

## 18.

## Das Adjektiv.

Das Adjektiv folgt dem Hw., dem es angehört: *ka yí* weißer Faden, Mz. *ka yíwo.* Hat das Hw. mit Adjektiv noch eine weitere Bestimmung, so folgt sie dem Adjektiv: *ka yí lá* der weiße Faden, Mz. *ka yíawò.*

Manche der auf S. 1 genannten adjektivischen Zw. dienen auch als Adjektive: *xɔ lá lolo* das Haus ist groß, Mz. *xɔawó lolo; xɔ lolo lá* das große Haus, Mz. *xɔ loloawó.*

Adjektivische Ausdrücke werden durch *wɔ* machen gebildet: *wɔ ke (kĕ)* Sand machen: sandig sein, *wɔ kpé* steinig sein, *wɔ dzi* Herz machen: beherzt sein, *wɔ ḍevínu* Kindesding machen: kindisch sein.

Deutsche Adjektive auf -bar werden durch das Verbalnomen wiedergegeben, sie werden aber nur negativ gebraucht: *mélè gbɔgblɔ me o* es ist nicht im Sagen: unsagbar; *mélè tsɔtsɔ́ me o* es ist untragbar.

Prädikat und Objekt werden, als ein Wort behandelt, adjektivisch gebraucht: *wɔ dɔ́* tun Arbeit, *ame wɔdɔ́* arbeitender, arbeitsamer Mensch; *tsê kú* tragen Frucht, *atí tsêkú* fruchttragender Baum, Mz. *atí tsêkúwo.*

*Wótsò atí lolowó. Xɔ gắwo sɔgbɔ le Lome. Wónɔ̀ amágui kpúi dzí. Asitsalá ylá éfe ga geḍee lá le aḍákà me. Wódè avé gắ lá me, éye wóyla le atíwo megbé. Éxɔ̀ fetú swɛ́ ko, gaké édzɔ̀ dzi nɛ̂, élàbéna ga ḍéke mégàle ési o; énumake wòyi asi me ḍafle akplɛ̃ kplé lã víaḍe. Éna abólò vívi mí. Nyɔ́nù fle avɔ̌ xɔasi ŋútɔ, éye wòtsɔ́è tɔ awu gắ. Wóbe yevúwo wu atíglinyi eve le avé gắ me. Máfia yevúwo fé xɔwó mi. Mitsɔ́ akɔḍúawo yi ná nyɔ́nùvíawo, né wóaḍà wó. Étsɔ ga lá vá ná mí. Wólè aví fa gé. Ébe wó kátã koe.*

Wir kauften ein weißes Huhn und (wir) gaben es dem Ältesten. Sein Tun erfreute uns. Sie bauten das Haus aus großen Steinen. Wir brachten rote Samen. Die Frauen verkauften rotes Öl auf dem Markt. Die Leute trafen viele Fremde in der Stadt, sie waren gekommen, Sachen zu kaufen. Er hat das kleine Haus des Europäers gekauft. Diese großen Bananen schmecken nicht gut. Sie kamen aus einer großen Stadt und trugen schwere Lasten. Er hat alle seine Sachen auf dem Markt verkauft. Er wurde Häuptling. Wir fanden einen toten Elefanten im Busch. Die Frauen suchten teure Tücher. Sie tranken Palmwein aus der Kalebasse.

| | | | |
|---|---|---|---|
| *avɔ̃ (avɔ́)* | Tuch | *ami* | Öl, Fett |
| *awu* | Kleid | *amágui* | Bank |
| *amedzró* | Fremder | *tɔ* | nähen |
| *γlá* | (sich) verbergen | *kú* | sterben |
| *kpe* | schwer sein | *kúku* | tot |
| *kpekpe* | schwer | *vívi* | süß (sein), gut schmecken |
| *kɔ́* | hoch sein | *kpúi* | kurz |
| *kɔ́kɔ* | hoch | *geɖee* | viel |
| *xɔ asi* | teuer sein | *dzɛ̃́* | rot |
| *xɔasi* | teuer | *kpé* | Stein |
| *ŋútɔ* | sehr | | |

## 19.

## Komparation des Adjektivs.

*Sɔ́ lolo wú nyi* Pferd ist groß, übertrifft Rind: ist größer als Rind; *ékɔ wúm̀* er ist größer (höher) als ich; *élòlo wú wó kátă* er ist größer als sie alle, ist der größte.

Adjektive werden substantiviert durch *-tɔ́: lolotɔ́* der die das große, *γítɔ* der weiße. Dies *-tɔ́* kann auch den Superlativ ausdrücken: *énye lolotɔ́* er ist (unter einer Anzahl) der große, d. h. der größte. — *Éwum̀ le dɔ́wɔ̀wɔ me* er übertrifft mich im Arbeiten, kann besser arbeiten als ich.

*Ŋútsùa ɖé kplé srɔ̃a kpákple víawo wónɔ̀ anyí le ɖua ɖé me. Wóyìa agble me wɔa dɔ́ le afíma, éye wóɖùa te, agbeli, blî, azí kplé mɔ́li. Gaké gbe ɖeká dɔwuame gắ vá anyígba lá dzí, éye amewó mégàkpó núḍùḍu o. Đevíwo fa aví, élàbéna dɔ wu wó, éye núḍùḍu mélè o. Tete ŋútsù lá gblɔ ná srɔ̃a bé: „Máyì gbé me, né mádi núḍùḍu, né mí kátã míaḍù, éye míagàkú o.“ Nyɔ́nù lá gblɔ nɛ̂ bé: „Énыo, gaké trɔ́ kába. aló mí kátã míaku.“ Ŋútsù lá yi gbé me, mékpɔ náneke o, gaké gbe ḍeká ége ḍé kɔ́fea ḍé me, afísì núḍùḍu sɔgbɔ le. Édzɔ̀ dzi nɛ̂, éye wòko nu. Éḍù nú ḍi fo, éye wòtsí afíma fe ḍeká sɔ́ŋŋ. Gaké srɔ̃a kplé víawo wógàle afé me, wókpe fu ŋútɔ, wófà aví kákaka, éye wóku le dɔwuame ta. Le fe ḍekú megbé ŋútsù lá ḍó ŋkú srɔ̃a kplé víawo dzí, égblɔ̀ bé: „Mele afé yi gé.“ Édzè afémɔ dzí. Éva afé me, éye wòkpɔ́ bé srɔ̃a kplé víawo wóku vɔ, wófe fúwo koé susɔ. Éye wòfa aví.*

| | | | |
|---|---|---|---|
| *srɔ̃* | Gatte, Gattin | *dɔwuame* | Hungersnot |
| *anyígba* | Erde, Land | *fe* | Jahr |
| *kpé fu* | leiden | *tsí* | bleiben |
| *susɔ* | übrig bleiben | *tete* | dann |
| *fo* | Leib | *sɔ́ŋŋ* | lauter, ganz |
| *ḍi fo* | satt sein | *nɔ anyí* | da sein, vorhanden sein |
| *kpákple* = *kplé* | und | *dɔ wu wó* | Bauch tötete sie: sie waren hungrig |
| *afísì* | dort wo, wohin | *kákaka* | lange |
| *ḍó ŋkú nú dzí* | sich an etwas erinnern | *afémɔ* | Heimweg |

20.

## Wiederholung.

*Fia fé agblewó lolo. Mí kátã míeyì tó lá dzí. Wókpɔ mi le atíawo gbɔ́. Wóva yevú gbɔ́ le éfe nya lá ta. Énye mɔ́ didi. Đevíwo mékpɔ náneke o. Wómelè vavá gé o. Amewó kátã le afé yi gé, gaké nyemélè yiyi gé o, mánɔ̀ afísì mele, élàbéna afî énуo nám̀. Nyɔ́nùwó yi nú ḍa gé ná amedzrówo. Adeláwo kpé to le avé gã me. Míawoe. Nɔvínyèé. Wógàle vú fom' kplé ye ḍúm le asi me. Mekpɔ́ wó le nu kom'. Đevíawo dô ylí le vɔvɔ̃ ta. Menyá bé wóava énumake. Éyìa agble kplé nɔvía. Mitsɔ́ aḍákà lá yi xɔ me. Étso míafe fia fé xɔ me. Tsɔ́ lã fé fúawo ná avũwo! Làkle vá xɔ me, éye wòwu koklôwó kátã. Ga gedee le asitsaláwo sí, wónye kesinɔtɔ́wo. Ménye amegã́ wònyé o, énye amedzró.*

Die Leute gingen nach Hause. Sie waren dauernd am Spielen. Sie sind nicht mehr hier, sie sind zum Essen gegangen. Der Hausherr blieb im Dorf, und die Leute gingen nach Hause. Sie sollen nicht spielen, ich habe ihnen gesagt, daß sie arbeiten sollen. Ich denke, sie werden nicht wieder kommen. Mein Bruder ging nach Lome, um Handel zu treiben. Das Wasser ist am Sieden. Die Frauen schütteten das Mehl in die Kalebasse. Sie kamen vom Felde, ohne gegessen zu haben. Wir gaben unseren Arbeitern ihren Lohn. Die Europäer lernten die Ewesprache, und die Kinder in der Schule lernten die Sprache der Weißen. Bringt den Frauen die Töpfe.

## 21.

## Das Zahlwort.

| | | | |
|---|---|---|---|
| 1 | *ɖeká* | 11 | *wúiɖèkɛ́* |
| 2 | *eve* | 12 | *wúiève* |
| 3 | *etɔ̃* | 13 | *wúiètɔ̃* |
| 4 | *ene* | 14 | *wúiène* |
| 5 | *atɔ̃́* | 15 | *wúiàtɔ̃́* |
| 6 | *adé, andé* | 16 | *wúiàdé* |
| 7 | *adré, ádre* | 17 | *wúiàdré* |
| 8 | *enyí* | 18 | *wúiènyí* |
| 9 | *asíèké* | 19 | *wúiàsíèké* |
| 10 | *ewó* | 20 | *bláve̒* |
| 21 | *blávè vɔ́ ɖekɛ́* | 70 | *bládre, blâdré* |
| 22 | *blávè vɔ́ eve* | 80 | *blânyí* |
| 23 | *blávè vɔ́ etɔ̃* | 90 | *blâsíèké* |
| 30 | *blátɔ̃* | 100 | *alafá ɖeká* |
| 40 | *blánè* | 101 | *alafá ɖeká kplé ɖeká* |
| 50 | *blâtɔ̃́* | 200 | *alafá eve* |
| 60 | *blâdé* | 1000 | *akpé ɖeká* |

Der gezählte Gegenstand steht in der Ez. vor dem Zahlwort: *atí ewó* zehn Bäume. Hat der Gegenstand den bestimmten Artikel *-a-*, so folgt diesem das Mz.-Zeichen *-wó: atí enyíawo* die acht Bäume. Zwischen gezähltem Gegenstand und Zahlwort steht häufig *ámè*, das etwa unserem ‚Stück' entspricht: *atí ámè ewó* zehn Stück Bäume, *wó ámè ewó* ihrer zehn.

Die Ordinalzahlen von 2 an werden durch Anfügung von *-lía* an die Kardinalzahl ausgedrückt: *evelía* der zweite. Der erste heißt *gbấtɔ* von *gbấ* zuerst. Die Ordinalzahlen werden auch adverbiell gebraucht: zweitens usw.

Jahreszahlen drückt man ordinal aus: *le fe akpé ḍeká kplé alafá evelía me* im Jahr 1200.

Distributiv: *ḍeká ḍeká* je einer, einzeln; *wóxɔ̀ abólò ḍeká ḍeká* sie bekamen jeder ein Brot.

*zí* (oder *zi*) *eve* zweimal, auch *zí gbɔ zí eve.*

*Eve tefé eve* zweimal zwei.

*afấ* halb, *ene kplé afấ* 4 ½. Die übrigen Bruchzahlen werden durch Ordinalzahlen ausgedrückt: *enelía ḍeká* ¼, *enelíawo etɔ̃* ¾.

*Éwɔ̀ dɔ́ le gbɔ́nyè wú ŋkeke asíèké, gaké etsɔ wòsí; nyeménya afísì wòyi o, mégblɔ̀ nya ḍeká nám' o. Xɔnye lolo wú xɔwò, éye fia fé xɔwó lolo wú wó kátã, xɔ gấ ene le ési, éye éfe xɔ swéwo hấ sɔgbɔ. Ŋútsùví lá kɔ́ wú ame búbǘwó kátã, énye kɔkɔ́tɔ le wó dome. Édìdi meter adé. Etɔ̃lía méva o, éye mesúsu bé máva o. Wótsò atí 85, éye wódzra wó ámè 53. Wó kátã ḍi fo, ŋútsùwó, nyɔ́nùwó kplé ḍevíwo. Wóna abólò adré mí, metsɔ́ eve kplé afấ ná nɔvínyè, éye meḍu ámè etɔ̃. Mele etɔ̃lía kplé atɔ̃lia dím. Eve kplé etɔ̃ le néniè? Enyí tefé enyí le blâdé vɔ́ ene. Ɖevíawo vá mía gbɔ́ zí ene, gaké wómegàvá égbè o. Nyemégàḍó ŋkú nya lá dzí o. Wóna atí ḍeká ḍeká wó. Ame blánè vɔ́ adré gale avé me. Wótsò atíwo wú blávè, gaké wóbe wómenyo o.*

Drei Knaben werde ich dir geben, daß sie die Schule besuchen. Er kaufte 14 Rinder für uns. Sie kamen am (auf den) 12. Tag. 35 Knaben und 21 Mädchen sind in der Schule. Eine große Hungersnot kam über unser Land. Die Mädchen sind dreimal gekommen, aber sie haben die Frau des Europäers nicht getroffen. Unser Feld ist größer als euer Feld. Er ist der dickste. Ich habe mehr gearbeitet als sie alle. Der erste und der zweite sind nicht gekommen, ich suchte sie, aber ich fand sie nicht, ihre Mutter sagte mir, sie seien zum Spielen gegangen. Er kam vom Felde. Sie kamen einzeln (je einer) ins Haus. Heute kamen andere Leute.

*ŋútsùví* Knabe
*hâ* auch
*atí néniè* wieviele Bäume
*búbŭ* anderer
*le sukû* in der Schule
*de sukû* die Schule besuchen
*wú atí etɔ̃* mehr als drei Bäume
*élè wó dome* er ist unter (zwischen) ihnen

22.

## Das hinweisende Fürwort.

a) *sia* dies *atí sia* dieser Baum *atí siawó* diese Bäume
*atí lolo sia* dieser große Baum, Mz. *atí lolo siawó*
*atínyè sia* dieser mein Baum Mz. *atínyè siawó*
*atí eve siawó* diese zwei Bäume.
Die substantivierte Form heißt *ésìa*, Mz. *ésìawó*
*ésìa énye atí* dies ist ein Baum, Mz. *ésìa nyé atíwo*
*mele ésìa dím* ich wünsche dies, diesen.

b) *má, kéma* der da, jener. *Du má* jene Stadt, Mz. *du máwo*.
Substantiviert: *éma, ékema* *éma ményo o* der da ist nicht gut.

Steht vor *sia* oder *má* eine tieftonige Silbe, so erhält sie manchmal steigenden oder hohen Ton, d. h. *sia, má* sind eigentlich *ésìa, éma;* das *é* ist abgefallen und sein Hochton auf den vorangehenden Vokal gefallen: *amĕ sia, xɔ̆ sia* oder *amé sia, xɔ́ sia* dieser Mensch, dies Haus, neben *ame sia, xɔ sia*.

c) *yá, yé* betontes der, das *Kofí yá wɔe* Kofi der hat es getan; *núɖùɖu yá* (oder *yé*) *dím míelè* Essen wünschen wir.

*atíawo yá kú* die Bäume die sind abgestorben.
Substantiviert: *éya* oder *éyà: éyàé* der ist es.

d) Qualifizierend: *sigbe, neném, ále* so beschaffen. Sie stehen vor dem Hw. und nach ihm steht *sia* oder *má: neném gatsí sia* dieser so beschaffene Löffel, Mz. *neném gatsí siawó; ále nya má* jene so beschaffene Sache.

*Égbè ŋdí míeflè alẽ́ eve siawó kplé gbɔ̃́ ene máwo. Aɖákà sia kpe ŋútɔ. Kofí átsɔ aɖákà kpekpe sia. Ésìa énye nɔvínyè fé abɔ́. Agbalẽ má xɔ asi. Neném ɖeví siawó mégàle mía gbɔ́ o, wóyì wó dé. Yevúwo yá wónyâ nú. Másrɔ̃ nú siawó kátã wɔwɔ. Wólè xɔ gã́ sia gbá gé. Wómagàwɔe o. Alégèli néniè wóɖè? Ɖeví siawó le sukû de gé le mía gbɔ́, éyata wóva afî. Wóatù xɔ le wófe anyígba dzí. Ami sia mégànyó o, ɖeví swɛ́ máwo mágànoe o. Afíka amedzró máwo tsô? Ésìa ménye nánekе o. Ézù amegã́. Ménye atí ɖuɖǔ wònyé o. Agbatsɔ́la siawó máxɔ̀ wófe fetú égbè o, élàbéna yevú mélè afé me o.*

Dies ist das erste Mal, aber das zweite Mal werde ich es dir nicht wieder sagen. Wir haben heute diese Fische gefangen, einige werden wir auf dem Markt verkaufen, und die anderen werden wir unserer Mutter bringen. Dies schöne Haus gehört dem Europäer. Jene Leute haben kein Essen. Der kleine Junge der weiß es, denn seine Mutter hat es ihm gesagt. Die Ratten hatten das Korn gefressen. Sie hatten gestern zwei Ziegen geschlachtet. Diese zehn Leute werden in unsere Heimat gehen.

*alẽ́* Schaf
*gbɔ̃́* Ziege
*alégèli (alégelì)* Ratte
*ɖe* fangen, wegnehmen
*dé, dényigba* Heimat
*tú* Flinte
*da tú* Flinte schießen
*agbalẽ* Haut, Papier, Brief, Buch
*tɔ* Gewässer
*tɔmelã* Wassertier, Fisch
*mía dé* unsere, meine Heimat
*vɔ̃́* fürchten
*he* ein Ausruf
*abɔ́* Garten

## 23.

### Das relative Fürwort.

*si* welcher, Mz. *siwó*. Substantiviert *ésì*. *Amésì* der welcher, *núsì* das was.

### Der Satzartikel.

Der bestimmte Artikel *lá*, *-a* (s. S. 1) ist eigentlich ein hinweisendes Fw. Er steht, außer nach Hw., zum Zweck der Hervorhebung auch nach anderen Wörtern und Wortgruppen und, als sogenannter Satzartikel, am Schluß jedes abhängigen Nebensatzes (der im Ewe fast immer dem Hauptsatz vorangeht). *Nye lá* ich meinerseits, *wóawo lá* sie nun, was sie anlangt, *ésìa lá*, dies nun, *tete lá* alsdann, *le ŋkeke má dzí lá* an jenem Tage nun.

In Relativsätzen: *mɔ́ si míeta lá* der Weg, den wir anlegten
*fe siwó vá yi lá* die Jahre, die vergangen sind
*núsì wókpɔ lá* was sie gesehen hatten
*ésì medí lá* der, den (das, was) ich suchte
*éya nyó wú ésìwó mexɔ etsɔ lá* der ist besser als die, die ich gestern bekam
*metsɔ́è ná ésìwó (amésìwó) vá lá* ich gab es denen, (den Leuten), die gekommen waren.

In anderen Nebensätzen: *ésì mevá lá* als ich kam, *né éku lá* wenn er stirbt.

*Ésì ɖevíwo le fefém le gbé me lá, kásiaa wósè túdàda, wódô ŋlí kplé gbe ɖeká béna: míawoe lòo, megawu mí o lòo! Zi ɖeká wókpɔ ŋútsù, égblɔ̀ ná wó bé: migavɔ̃ o he, nyeé. Né méva o lá, mádzo. Núsì Kofí wɔ lá, nyemélè wɔwɔ gé o. Né wóayì asi me lá, nye hâ máyì, élàbéna te mégàle asínyè o, éye máflèe. Wóawo lá wónye amedzrówo le mía dé. Ésìawó nyé atí siwó míetsò etsɔ lá, éye míetsɔ wó vá dua me. Amésìwó máva o lá, wómelè núɖùɖu xɔ gé o. Núsì ɖevíwo wɔ le sukû lá, ményo o. Nеném ɖeví máwo mélè akɔɖú xɔ gé o. Gatsínyè bú, mekpɔ́è etsɔ le xɔ me, gaké égbè mélè o. Te si wóɖù lá, évivina ŋútɔ. Wóyì, wólè yiyim', wólè yiyi gé, wóayì, wóyìna, wóneyì, wómagàyi o. Éḍù agbeli, élè tsi nom', élè atí tso gé, ákpɔm', éye wòákpɔm', ékòa nu, éfe nukoko mévivina o, négblɔ̀e, mégàfɔ nákè o, nyemélè lɔ̄lɔ̄ gé o, wómaku o. Mele asi tsa gé, wólè tsa ḍi gé.*

| | | | |
|---|---|---|---|
| *gbe* | Stimme, Sprache | *míawo ḍeḍé* | wir allein |
| *kásiaa* | plötzlich | *zi ḍeká* | auf einmal |
| *ésì* | als | *dzó* | weggehen |

24.

## Fragendes Fürwort.

| | | | |
|---|---|---|---|
| *ka* | wer, welcher, wen<br>Mz. *kawó* | *Lã ka* | welches Tier,<br>Mz. *lã kawó* |
| *kaê, ékàê* | wer, welcher, ist es? | *kawóe gblɔe* | welche haben es gesagt? |

## Reflexives Fürwort.

*ḍókui* das Selbst, selbst; mit dem einfachen Possessivpronomen verbunden, *nye ḍókui* oder *ḍókuinyè* mich selbst, *éḍokui* sich selbst, *mía, wó ḍókui* uns, sie sich selbst.

Dagegen *ŋútɔ* heißt selbst in verstärkendem Sinn: *nye, wò, éya, míawo, miawó, wóawo ŋútɔ* ich, du .... selbst; *amea ŋútɔ* der Mensch selbst. *Ɖókui* durch *ŋútɔ* verstärkt: *nye ŋútɔ ḍókui*, oder *nye ŋútɔ ḍókuinyè* ich mich selbst.

*Nye ŋútɔ fé xɔ* oder *nye ŋútɔ nye xɔ* mein eigenes Haus.

## Reziprokes Fürwort

*mía nɔewó, mia nɔewó, wó nɔewó* wir, ihr, sie einander.

*Afé ka me wónɔ̀? Kawóe wɔ nú sia? Nyi kawó wóflè? Éwù éḍokui. Éyì éḍokui me. Nyɔ́nù eveawó dzu wó nɔewó. Fia ŋútɔ dí wó. Menyá bé wó ŋútɔ wɔe. Miawó ŋútɔ fé agbleé.*

*Nye ŋútɔ nye mɔ́li wótsɔ. Dadányè ŋútɔ fé abɔ́e. Né ŋútsùvíwo xɔ fe wúiève aló wúiètɔ̃ lá, wómegàféna ábe tsã́ ené o, élàbéna wómegànyé ɖeví swɛ́wo o. Wómegànɔa nyɔ́nùwó hã́ dome o. Wóɖùa nú kplé ŋútsùwó. Wówɔ̀a dɔ́ kplé wó fofówo. Đéwo dea agble, ɖéwo yia tɔ dzí ɖaɖea lã, búbŭwó yia gbé me, wófɔ̀a nákè, éye wótsɔ́nɛ̂ yina náa wó dadá. Dadáa tsɔ́nɛ̂ yia asi me ɖadzrána, éye wòtsɔ́a ga lá ná ŋútsùví si fɔ nákè lá. Dɔ́ siwó nyɔ́nùvíwo wɔna lá énye bé wókpena ɖé wó dadáwo ŋú. Đéwo flea blî tua wɔ́, wótsɔnɛ̂ foa abólòe, éye wótsɔnɛ̂ dzrána ná amedzró siwó le dua me. Đéwo día déku tsɔ́nɛ̂ ɖaa ami, ɖéwo hã́ tréa ɖetí. Nenɛ́m mía tɔ́gbiwo wófia mía fofówo, éye wóawo hã́ wófia mí ɖevíwo. Đeví si méwɔ̀a dɔ́ o lá, mésrɔ̃a nú hã́ o lá, wómabù náneke o.*

Als die Kinder in die Schule gingen, wohnten sie in diesem Hause. Es ist mein eigenes Feld. Die Waren, die die Haussaleute gebracht haben, sind zu teuer. Wer hat das Geld gezählt? Er selber hat es mir gegeben. Wenn jemand nicht auf sich selber achtet, wie wird er auf andere achten? Sie suchten einander. Wir hörten, ein Mann habe sich getötet. Wer ist es? Wen werde ich heute sehen? Das Kleid, das mein Vater mir genäht hat, ist schon zerrissen. Das Buch, das sie auf dem Markt sah, gefiel ihr. Was wirst du tun, wenn er nicht kommt? Dieser ist zu groß.

*fɔ* Gewässer
*tu wɔ́* Mehl mahlen
*fo abólò* Brot backen
*déti* Ölpalmbaum
*tré ɖetí* spinnen
*tsã́* früher
*ákpa* zu sehr, zuviel
*bu* achten, ehren
*ábe nye ené* wie ich
*kpɔ́ ame dzí* auf jmd. achten
*édzè ŋúnyè, éŋu, mía ŋú* es gefällt mir, ihm, uns
*yi tɔ dzí* zum Fischen gehen
*déku* Palmkern
*tɔ́gbe, tɔ́gbi* Großvater, Vorfahr
*ɖa* kochen
*adzɔ́nu* Ware
*ɖetí* Baumwolle
*Háusatɔ* Haussamann
*nenɛ́m, nenɛ́ma* so, also
*áleke* wie
*xlẽ* zählen, lesen
*vúvu* zerreißen
*éxɔ̀ fe eve* er ist zwei Jahre alt
*kpé ɖé ame ŋú* jmd. helfen

## 25.

## Wochentage und Personennamen.

Jedes Kind erhält einen seiner Namen nach dem Wochentag, an dem es geboren ist.

| Name des Wochentages | | Eigenname des Knaben | des Mädchens |
|---|---|---|---|
| *Kwasíɖa* | Sonntag | *Kwasí, Kɔsí* | *Akɔsíba* |
| *Dzóɖa* | Montag | *Kwadzó, Kɔdzó* | *Adzóa* |
| *Bráɖa* | Dienstag | *Kɔmlá* | *Abrá, Ablá* |
| *Kúɖa* | Mittwoch | *Kwakú, Kɔkú, Akú* | *Akúa* |
| *Yáwòɖá* | Donnerstag | *Yáwo, Kɔwú* | *Yáwa* |
| *Fíɖa* | Freitag | *Kofí* | *Afíba, Afúa* |
| *Mémleɖa* | Sonnabend | *Kwámì* | *Ámà* |

Das System und die Namen stammen aus dem Twi, infolgedessen sind einige Formen stark verändert.

### Das Pronomen *ye*.

Kommt das Subjekt eines Hauptsatzes, der mit *bé, béna* (sagen, daß) endet, im Nebensatz in pronominaler Form wieder vor, so lautet es in der 2. und 3. P. Ez. subjektiv und objektiv *ye*, Mz. *yewó*, im Possessiv *yefé, yewófe*.

*Èbé yeáva* du sagtest, du werdest kommen; *ébe yeáva* er sagte, er werde kommen; *édi bé yeáléè* er wünschte, daß er ihn fange, wünschte ihn zu fangen; *miésusu bé yewóaɖù wó dzí* ihr dachtet, ihr würdet sie überwinden; *énya bé wókpɔ ye* er wußte, daß sie ihn gesehen hatten; *migasúsu bé wómekpɔ yewó o* denkt nicht, sie hätten euch nicht gesehen; *èbé yefé ga bú* du sagtest, dein Geld sei verloren.

*Ye* heißt eigentlich ich, *yewó* wir; *èbé yeáva* du sagtest: ich werde kommen.

*Wódèa sukû le Fíɖa, gaké ményе le Mémleɖa kplé Kwasíɖao. Afíba yá wɔe, gaké Ámà méwɔ̀ náneke o, méyì agble o, métù wɔ́ hâ o, ébe yemélɔ̀ bé yeásubɔ yevú o, éye wòtrɔ́ yi wó dé. Wólè vɔvɔ̃m bé yewóabu yewófe ga. Nya siwó ame siawó gblɔ nám' lá, wónye nya fúfluwo, nyemélè wó se gé o, megbé. Núsì míekpɔ égbè lá, médzè mía ŋú o. Wókpɔ ɖevíawo dzí. Afíka wóbe yewóayì? Nye hâ nyeményaè o. Akú mélɔ̃ bé yeágblɔ̃e nám' o, nenéma nye hâ mezi kpí ko. Ényrà, gaké amewó koe. Ménye nyeé wɔe o. Amésì mélɔ̃ bé yeáwɔ̀ dɔ́ o lá, máɖù nú hâ o. Núsì míewɔ̀ égbè lá, énye nú dzódzrŏ. Ŋútsùwó yi tɔ dzí, gaké núsì wóɖè lá, méwu tɔmelã ɖeká o.*

Er wollte nicht zu mir kommen (daß er zu mir komme). Sie sagten, sie würden heute nicht mehr gehen. Die Leute dachten, sie würden Geld bekommen, aber sie bekamen nichts. Glaubt nicht, die Leute hätten euch nicht gehört. Ich weiß nicht, was er will. Ich werde ihnen sagen, daß sie morgen kommen und ihre Äxte und Hacken mitbringen. Wir werden sogleich aufs Feld gehen und zu hacken anfangen. Sage Kwami, er solle Mittwoch abend kommen, und ich werde ihm eine gute Arbeit geben. Ama ist gekommen, soll sie auch aufs Feld gehen? Nein, heute nicht, sie soll warten, heute gehen die Männer und arbeiten zwei Tage, Donnerstag oder Freitag werden auch die Frauen kommen.

| | | | |
|---|---|---|---|
| *fía* | Axt | *tsi* | wachsen |
| *fiẽ* | Abend | *bú* | verlieren |
| *nyra* | wütend sein | *dzódzrŏ* | wertlos, umsonst |
| *súbɔ* | dienen | *fífia* | eben jetzt, sofort |
| *fúflu* | leer | *de sukû* | die Schule besuchen |
| *ázɔ* | nunmehr, jetzt | *gbé* | sich weigern |
| *nyitsɔ* | vorgestern, übermorgen | *lala* | warten |
| *vɔ̃* | fürchten | *zi kpí* | schweigen |

## 26.

## Die Frage.

1. Die Frage richtet sich auf einen Satzteil.

a) Der gefragte Gegenstand steht an der Spitze des Satzes, im übrigen ist die Stellung wie im Aussagesatz. Hat die Schlußsilbe des Satzes einen Hochton, so wird diesem als Ausdruck der Frage noch ein Tiefton angehängt: *éva* er kam, *ameka vâ* wer kam? *núka wówò* was machten sie? *núka wɔm' wólè* was machend sind sie? *núka wɔ gé wóalâ* was sind sie im Begriff zu tun? *ameka mágblɔ̀e nâ* wem soll ich es sagen? *afíka wówɔ̀ dɔ́ le* wo arbeiteten sie?

b) Fragen durch *ɖê*: *wò ɖê* und du? *ame máwo ɖê* und jene Leute? *'ŋkɔwò ɖê* dein Name? wie heißt du?

c) Durch *né* ‚wenn' eingeführte Fragen enden ebenfalls auf *ɖê*: *né méva o ɖê* wenn er aber nicht kommt? *né tsi dza ɖê* wenn es aber regnet?

2. Die Frage richtet sich auf den ganzen Satzinhalt (Ja- und Nein-Frage). Die Wortfolge ist wie im Aussagesatz, und am Schluß steht meist die tieftonige Fragepartikel *-a*; jedenfalls endet der Satz auf einen Tiefton: *wówɔ̀ea* haben sie es getan? *wógàle fu dzíà* sind sie noch auf See? *évâ* kam er?

Fragesätze, besonders längere, werden gern eingeleitet durch *ɖě*: *ɖě nèle didím bé yeáxɔ̀ea* möchtest du es etwa haben?

Fragen unter 1 wie 2 werden, wenn sie nachdrücklich sind, abgeschlossen durch *máhǎ*, *hǎ* oder *má*: *núka gɔ̃ mágàwɔ ná wò máhǎ* was soll ich denn noch für dich tun? *agbledeláwo máxɔ̀ akpé o máhǎ* sollten die Bauern keinen Dank bekommen?

*Né agble sɔgbɔ le amaɖé sí, éye nú wúì lá, ényi fe, máte ŋú áxeè o lá, ékema wòátè kpɔ́ ádzra anyígba fé ɖé. Núsì ké wòáwɔ̀ gbǎ lá, ánye bé wòáyì fia kplé amegǎwo gbɔ́ ágblɔ̀ ná wó bé: „Agblenye ɖeká mele didím bé mádzra." Wóabiɛ̂ se bé: „Núka dzɔ éye nèle didím bé yeádzra anyígbaa máhǎ?" Élagblɔ̀ bé: „Menyí fe, éye fetɔ́wo le fu ɖem' nám', nyeménya álesì máwɔ̀ o, ga mélè asínyè o, mélè nɔvínyèwó hǎ sí o, éyata meɖó támè bé mátsɔ agblenye fé akpá ɖeká ádzra, né mátsɔ gaa átu fe ná nye fetɔ́wo, né wóaɖè así le ŋúnyè." Amegǎawo wóabia ame lá ásè bé: „Agble má ɖê, ɖě nèflee, aló áleke wòzu tɔwò? Gblɔe míasè." „Meflee le Ɖíkrò sí." „Je ka me nèflee le?" „Ánye fe ewó." „Ésì miefo asi lá, ameka le afímâ, éye wókpɔè, né wóanye wò ɖasefɔ́wo?" „Ŋútsù ene wólè étèfé, né mielɔ̃ lá, máyɔ wó vɛ̂, wó kátã wógàle agbe, éye wólè gbɔ me fífia.“ Wóḍo éŋu bé: „Yi ḍayɔ́ wó vɛ̂, né wóava fífia.“ Amegáwo gabíɛ̂ se bé: „Fia ka fé agbó nú miefo nu le le nya lá ŋútî?“ „Míeyì Léklèbí fia gbɔ́.“ „Ga nénìe nèflee?“ „Mefle anyígba blíbò lá paun wúiàtɔ̃.“ „Gbétsòhó hâ gale asíwòa?“ „Élè.“ „Yi ḍatsɔ́è vɛ̂, né míakpɔè.“ Éye wòáyì ḍatsɔ́è vɛ̂ áfia amegáwo, éye fia kplé amegáwo wóaḍè mɔ́ nɛ̂ be wòátsɔ anyígbaa ádzra, né ádzùdzɔ.*

Neu vorkommende Wörter suche man im Wörterverzeichnis am Schluß des Buches.

*éxɔ̀e le asínyè* er bekam es (aus) meiner Hand: nahm es mir weg
*meflee le ési* ich kaufte es (aus) seiner Hand: von ihm
*ga sɔgbɔ le mía sí* wir haben viel Geld
*éḍè así (éḍ'- àsí) le ŋúnyè* er tat weg die Hand (von) meiner Außenseite: ließ mich los, ließ ab von mir
*nyí fe* Schulden machen, *ényi fe le asínyè* er hat Schulden bei mir
*nú wúì* (aus *wúè)* Ding übermochte ihn: er geriet in Not, Schwierigkeit
*te nú kpɔ́* etwas versuchen
*bía ame se* jd. fragen *ḍó nya ŋú* auf eine Sache antworten
*té ŋú* können (meist im Futur gebraucht: *máte ŋú áwɔ̀e* ich kann es tun, Habitualis *metéa ŋú wɔnɛ)*
*éḍè mɔ́ nám' bé máyì* er erlaubte mir zu gehen
*élè étèfé* er ist (an) seinem (des Ereignisses) Ort: er ist, war, dabei, anwesend.

## 27.

### Das pronominale Objekt in den Verbformen mit *le*.

| Progressiv | Ingressiv |
|---|---|
| *élè foyem'* er ist mich schlagend | *élè fo ye gé* er ist im Begriff, mich zu schlagen |
| *élè fowòm'* er ist dich schlagend | *élè fo wò gé* |
| *élè éfòm'* er ist ihn schlagend | *élè éfò gé* |
| *élè mía, mia, wó fom'* | *élè mía, mia, wó fo gé* |

Das Pronomen ist hier nicht objektiv, sondern possessiv: er ist in meinem Schlagen.

Folgt auf ein hochtoniges Zw. ein Objekt, dessen erste (meist einzige) Silbe ebenfalls Hochton hat, so erhält das Verb fallenden Ton: *kpɔ́* sehen, *kpɔ̂ nú* sehen Ding, etwas sehen; *ɖó* hinstellen, hinhalten, *ɖô tó* hinhalten Ohr, gehorchen.

Die Hw. hatten früher ein anlautendes tieftoniges *e: enú, etó*, dies *e* fiel ab, aber sein Tiefton ging auf den Vokal des vorangehenden Zw. über.

Das objektive Pronomen *è* ihn sie es wird *i* nach *i* und *u: édiì* er suchte es, *éɖùi* er aß es.

Das Zw. *kpɔ́* sehen kann je, jemals (verneint nie, niemals) bedeuten: *ède Lome kpɔ́à* bist du jemals nach Lome gelangt, in Lome gewesen? *nyeméwɔ̀e kpɔ́ o* ich habe es noch niemals gemacht.

*Wóxɔ̀ ga le wó sí. Dɔ le wuyem'. Wólè ékpɔm. Míelè wófe nya sem'. Mele wó sem'. Xɔ sia mefle le asitsalá sí. Megaɖe así le ŋúnyè o. Nyemáɖè así le ŋúwò kpɔ́ o. Asitsaláwo nyí fe le asínyè, éyata nyemégàná ga wó o. Sukûvíawo máte ŋú áwɔ̀e o, ésesẽ ákpa, míakpe ɖé wó ŋú. Wóbiam' se bé máva máhã̀, gaké nyeméɖo wó ŋú o, élàbéna nye ŋútɔ nyeményẽ háɖe o. Wómeɖè mɔ́ nám' bé máva o, éyata metsí afî. Wóxɔ̀ núwo kátã le asínyè, náneke mégàle o, áleke máwɔ̀? Núsì asitsaláwo fle lá, mésɔ̀gbɔ o. Nyemédè afíma kpɔ́ o. Égbè vovo mélè o, gaké etsɔ míafò nu le nya lá ŋúti. Wómelè didím bé yewóatu fe nám' o, éyata meyi ɖasáma wó le fia fé agbó nú. Núka dzɔ bé ame geɖe siawó vâ?*

Bringe es her, daß ich es sehe. Sie fragten ihn: „Was habt ihr heute gemacht?" Ich erlaubte ihm, daß er nach Hause gehe. Ich gab ihm das Brot, und er aß es. Die Kinder sind noch niemals in Kpando gewesen. Sie haben nicht gehorcht. Wie heißt er? Was ihr heute getan habt, ist eine zwecklose Sache. Sie warteten den ganzen Tag, aber niemand kam. Haben sie es gemacht? Die Bäume, die die Weißen gepflanzt haben, sind nicht gewachsen. Zeige uns den Weg, wir kennen ihn nicht. Wenn sie das Haus fertig gebaut haben, werde ich ihnen ihr Geld geben.

## 28.

## Das Zeitwort mit zwei Objekten.

*ḍô tó núfiala* hinhalten Ohr (dem) Lehrer, dem L. gehorchen. Das indirekte Objekt kommt immer an den Schluß: *meḍô tó n., máḍô tó n., meḍóa tó n., mele tó ḍóm, tó ḍó gé n.* Ebenso wenn es ein Fw. ist: *éḍô tóm'* er gehorchte mir, *élè tó ḍómem'* er ist mir gehorchend, *élè tó ḍóm wò* dir, *élè tó ḍómê (ḍómî)* ihm, *élè tó ḍóm mí* uns. Ingressiv: *élè tó ḍó gém'* er wird mir gehorchen, *gé wò* dir, *gê (gî)* ihm, *gé mí* uns. Daneben: *élè tó ḍóm' gé, ḍówò gé, ḍóè gé, ḍó mí gé. Máḍô tóè* ich werde ihm gehorchen, *meḍóa tóè* ich pflege ihm zu gehorchen.

Das erste Objekt ein Fw.: *éfiam' núfiala* er zeigte mich dem Lehrer; *áfiam' núfiala* er wird mich dem Lehrer zeigen, *éfiaam'* pflegt mich ..... *élè fíayèm'* ist mich zeigend, *élè núfiala fía ye gé* ist im Begriff, mich ... Dagegen: *éfia núfialam'* er zeigt mir den Lehrer.

Weitere Beispiele.

| | | | |
|---|---|---|---|
| *dô vló ámè* | jemand verachten | *xlɔ̃ nú ámè* | jemand ermahnen |
| *fía nú ámè* | jemand unterrichten | *dé dze détsì* | die Suppe salzen |
| *dó dù sɔ́* | das Pferd zum Laufen bringen | *te nú ámè* | jemand etwas vorenthalten |

*Wómede dze détsìa me o, nyemánòe o. Mele du dó gé sɔ́ lá. Míewɔ̀ dɔ́ nyatefé, gaké wómena akpé mí o. Wómelɔ̃ bé yewóakpe ḍé mía ŋú o, éyata míaḍè así le wó ŋú ko, énye nú dzódzrŏ. Megadô vló ame má o, énye amedzró, éye xɔ́lɔ̃ ḍéke mélì nɛ̂ le afî o. Ɖevíawo mélè tó ḍó gé wó o. Míexlɔ̃ núì, gaké mélɔ̃ bé yeásè o. Wólè fia fía ye gé. Dɔ kplé tsikɔ le wuyem', éye ḍeḍi hâ té ŋúnyè, nyemágàyi ŋgɔ o, afî ko mátsi. Étè núḍùḍu mí, éyata mímegàlɔ̃ bé míagàwɔ dɔ́ nɛ̂ o, mí kátã míedzùdzɔ. Menyá bé wólè tó ḍóm' gé. Ɖĕ miesúsu bé nyeméḱpɔ mi o máhã? Migasúsu nenéma o lòo! Núka wólè ḍaḍa gé égbè? Né nyeményɛ̂ o ḍê? Mese bé fia gblɔ nya gã etsɔ, wò hâ nèseea? O, nyemésèe o, nyémenɔ̀ étèfé o.*

## 29.

## Verbale Fügungen.

Enthält ein Satz zwei oder mehr Zw., so stehen in der Regel alle in der gleichen Konjugationsform, mit der Ausnahme, daß beim Ingressiv des 1. Zw. die ihm folgenden im Futurum stehen. Das Subjekt steht nur vor dem 1. Zw.

*Étsɔ atí foe* er nahm Stock, schlug ihn: schlug ihn mit einem Stock
*átsɔ atí áfòe* er wird ihn mit einem Stock schlagen
*élè atí tsɔ́ gé áfòe* er wird ihn mit einem Stock schlagen
*máte ŋú áwɔ̀e* ich kann es machen
*élè atí tsɔ́m le éfòm'* er ist ihn mit einem Stock schlagend
*Wólè agbawó tsɔ́m le yiyim'* sie sind Lasten tragend (und) gehend: sie gehen mit ihren Lasten dahin
*étsɔa atí fonɛ* er pflegt ihn mit einem Stock zu schlagen.

Hat nur das 1. Zw. ein Objekt, so wird dies vor dem 2. nicht wiederholt.

*étsɔ abólò ɖu* er nahm Brot aß: aß Brot; *étsɔè ɖu* er aß es
*wódzè aha no* sie kauften Palmwein (und) tranken (ihn).

Dient *vá* kommen lediglich als Einführung des folgenden Zw., so steht dies im Aorist: *éva wɔe* er kam (dahin), es (zu) tun: er tat es; *áva wɔe* er wird es (allmählich, nach und nach) tun. Ebenso wird *vɔ* fertig sein, wenn es einem Zw. folgt und nur dem Ausdruck der Vollendung dient, nicht verändert.

*Étsi tre gblɔ ná wó bé: „Míakpe ɖé ame siawó ŋú.“ Yevúwo átsɔ anyígba sia áwɔ̀ agble gã̀è. Wótsɔa núɖùɖu yina náa wó. Wótsɔnɛ̂ yina nánɛ̂. Nyɔ́nùvíwo átsɔ̂ wɔ́ si wótù lá ádzra ána ga lá wó dadáwo. Wódoa ɣlí yɔ́a wó. Míelè atíwo tsom' le tsɔtsɔ́m yi kɔ́fe me. Wólè agble ŋlɔm' le ha dzim' gale ɣe ɖúm gɔ̃ hâ. Mele amedzró lá kplɔ gé áyì mɔ́ gã́ dzí. Máva gblɔe ná wò. Éva gblɔe nám̀. Amegã́wo le nya blíbò lá ɖe gé áfia mí míasè. Énɔ̀ kútse-tsewo gbem' nɔ mamã́m ná amewó. Amewó le tsatsam' le yiyim' le asi me. Égàvá mía gbɔ́ gaɖe kúku ná ameɣã́wo, gaké amaɖéke mélɔ̃ bé yeásè éfe nya o, wó kátã lé fùi, élàbéna éɖè fu ná wó ákpa.*

## 30.

## Das Passiv.

Das Ewe hat keine passive Form des Zeitwortes. Das deutsche Passiv wird auf folgende Weise umschrieben: *wódi ḍeví lá* sie suchten das Kind: das Kind wurde gesucht; *wódzì Kofí* sie gebaren Kofi: Kofi wurde geboren.

*Eveawó fé blemanyawó.*

*Ményе afìsì Eveawó le fifi lá, wónɔ̀ tsó títiti o. Ékema afíka wótsô? Amésì le mía tɔ́gbiwo tsófe dím lá, néḍo ta γedzefé lɔfo. Né ézɔ̀ vuu tó Dahome-kplé Anagó-nyígba me lá, áke ḍé tɔsísi gã́ ḍé ŋú, si wóyɔna bé Kuara aló Niger. Tɔsísi sia nútowo me Eveawó, Dahomeawó, Anagóawo, Adã́awo, Gɛ̃awó kple Blúawo kátã dzɔ tsó. Afísì wónɔ̀ lá 'ŋkɔ énye Kétù aló Ayɔ́, si wóyɔna hã́ bé Amedzɔfé aló Máwufe. Tó gbɔ́ bé Kétù énye Máwufe hã́ lá, élè ná wó bé wóaḍo gli áfò xlã́è le futɔ́wo fé fuḍenámè ta. Ké ésì gli lá hã́ méxɔ̀ ná wó o lá, wódzo le afíma.*

*Le wófe dzodzó me lá wómã ḍé akpá gã eve me. Akpá gã ḍeká ḍó ta dzíehè, éye wògamã́ ḍé eve. Ɖeká yi ḍanɔ Mɔ́nɔ̀ ŋú, éye wóyɔ wófe nɔfé bé Tádo. Ké evelía yi Haho kplé Mɔ́nɔ̀ dome, éye wóyɔ wófe nɔfé bé Ŋɔtsié. Akpá gã́ evelía yi Adélè nútowo me; amaḍéwo gblɔ hã́ bé wóva nɔ Dogbónyigbo. Dukɔ́ siwó nɔ akpá evelía me lá, wónye Aŋlɔ́awo, Bɛawó, Aguawó kplé Fɔ̃awó. Ké émègbé lá dzre vá dzɔ ḍé wó dome, éye wókà. Fɔ̃awó ḍó ta dzíehè gómè kpáŋkpaŋ, éye wóva tso Ƒlá. Ɖéwo ḍó ta γedzefé gómè, váseḍe ésìme wóke ḍé Anagóawo kplé Maxeawó ŋú. Aŋlɔ́awo, Bɛawó kplé Aguawó vá nɔ wó nɔvíwo gbɔ́ le Ŋɔtsié; afíma wóna 'ŋkɔ wó bé Dogbóawo. Wómã ḍé tó vovovowó me.* (Nach dem Ewe-Lesebuch IV, S. 60f. Bremen 1906.)

*éḍo ta γetóḍofe lɔfo* er ging in westlicher Richtung
*éke ḍé tó gã́ ḍé ŋú* er gelangte an einen großen Berg
*tó gbɔ́ bé wógblɔ̀e ná wó lá, wómeḍè así le éŋu o* obgleich man es ihnen sagte, ließen sie nicht davon ab

*élè nám' bé máwɔe* es ist für mich (nötig), daß ich es tue: ich muß es tun

*élè ná wò bé náyì* du mußt gehen; *élè (ná wó) bé wóasèe* sie müssen es hören

*ánɔ mía gbɔ́, vásede ésìme míayì* er wird bei uns bleiben, bis daß wir gehen werden.

## 31.

### Relativsätze (vgl. 23).

Enthält der Relativsatz einen durch *ná* ausgedrückten Dativ, so behält *ná* die Stellung wie im Hauptsatz, während das Hw. mit *si* an die Spitze tritt: *wótsɔ agba ná nyɔ́nù lá* sie gaben der Frau eine Last, aber *nyɔ́nù si wótsɔ agba ná lá* die Frau, der sie eine Last gaben; *wógblɔe ná wó* sie sagten es ihnen, aber *amesiwó wógblɔe ná lá* die, denen sie es sagten.

Ist das Relativpronomen ein direktes Objekt, so wird es oft nach dem Zw. wiederholt: *amésì mekpɔ́è lá, ési* der, den ich sah, lief weg; *amésì wómedzùi kpɔ́ o lá, ménya dzu fé vevé o* wen man niemals beschimpft hat, der kennt nicht den Schmerz des Schimpfes.

Im Progressiv tritt das Relativ in der Regel unmittelbar vor das Zw., das dann nicht verdoppelt wird: *dɔ́ si wɔm' wólè lá* die Arbeit, die sie tun; *lã si nyãm' míelè lá* das Tier, das wir verjagen. Steht dagegen *le* vor dem Zw., so wird das Zw. verdoppelt: *dɔ si wólè wɔwɔm' lá, lã si míelè nyanyãm' lá.*

Steht der Relativsatz nach dem Hauptsatz, so wird der Satzartikel *lá* meist nicht gesetzt: *nyeménya amésì tsɔ́è o* ich weiß nicht, wer es genommen hat, wohl aber, wenn hinter dem Zw. noch Satzteile folgen: *nyemégàɖó ŋkú amésì tsɔ́è lá dzí o* ich erinnere mich nicht mehr an den, der es genommen hat.

Er wußte nicht, wem er es gegeben hatte. Die Leute, denen sie es gegeben hatten, waren nicht mehr da. Die Bäume, die die

Leute gefällt haben, sind ins Dorf gebracht worden. Die Fische, die wir gestern fingen, sind auf dem Markt verkauft worden. Das Tuch, das die Frauen gestern gekauft hatten, ist verschwunden. Die zwei Männer gingen in westlicher Richtung. Wir kreuzten den Fluß und gelangten an einen großen Wald. Wir müssen gehen. Du mußt heute den Arzt rufen. Obgleich man es dir gesagt hatte, hast du nichts getan. Sie ließen nicht von uns ab. Sie schlugen sie mit Stöcken. Sie werden das Feld mit der Hacke hacken. Man pflegt sich mit Seife die Hände zu waschen. Ich kann es nicht machen. Sie werden Fleisch kaufen (und es) essen. Er wird es schon tun. Die Schulkinder wurden gesucht. Wir wurden gefragt, aber wir konnten es nicht sagen.

## 32.

## Bedingungssätze.

Sie werden häufig eingeleitet durch *né* wenn, *nénye* (aus *né énye* wenn es (der Fall) ist), *nénye bé:*

*né dɔléle tsó éfe trɔ̃ gbɔ́ lá, wóyɔa trɔ̃sì béna wɔ̀ábia trɔ̃ lá* wenn die Krankheit von seiner Gottheit kommt, so ruft man den Priester, daß er die Gottheit befrage; *nénye éfe trɔ̃ bí dzi ɖé éŋu lá, wókpatanɛ̂* falls seine Gottheit gegen ihn erzürnt ist, begütigt man sie; *nénye bé wóayì lá* wenn sie gehen sollten.

Fälle unwirklicher Bedingung, d. h. solcher, deren Eintritt nicht angenommen wird, werden eingeleitet durch *ɖĕ* im Vordersatz und *né* im Nachsatz; *ɖĕ lăkle gavá égbè lá, né mewui* wäre der Leopard heute wieder gekommen, so hätte ich ihn getötet; *ɖĕ nègblɔe nám̀ lá, né mewɔe* hättest du es mir gesagt, so hätte ich es getan.

Häufig stehen zwei Hauptsätze unverbunden neben einander, von denen gleichwohl der eine vom anderen abhängig ist, was auch dadurch oft zum Ausdruck kommt, daß das Zw. des 1. Satzes im Aorist, das des 2. aber im Habitual steht. Solche

Satzpaare werden gern in Sprichwörtern angewendet: *avű ḍu fú méḍùa kpé o* Hund beißt Knochen nicht pflegt zu beißen Stein: wenn ein Hund auch Knochen beißt, beißt er doch nicht Steine; *ame trɔ́ megbé mékpɔa megbé nú o* wendet man den Rücken, so sieht man nicht die Dinge hinter dem Rücken; *ame yi núgbe mésèa afényà o* geht ein Mensch auf Reisen, so hört er nicht die Ereignisse der Heimat.

Ist das Zeitwort des ersten Satzes verneint, so steht das *o* am Ende des zweiten Satzes. *Ta ménɔ̀a anyi klo ḍɔ́a kúku o* solange der Kopf da ist, setzt nicht das Knie den Hut auf. *Wómedzraa avé gadía émè kútsetse o* man verkauft nicht einen Wald (und) sucht (dann noch) Früchte darin; *kétiba médòna wódoa dzâa nɛ̂ o* wenn die Binsenmatte erscheint, heißt man sie nicht willkommen (es ist ein Toter darin); *avako bé yeméxlɔ̃na xevíwo gafana o* der Habicht sagt, wenn er schreie, so zirpen die (anderen) Vögel nicht mehr.

*Blemanyawó dzíyìyi.*

*Mía tɔ́gbiwo fé ŋkú mévù ábe mía tɔ ené o. Wómenya náneke le awudódo aló avɔ̃tàta ŋúti o. Wótsyɔ lãgbalẽwó kplé atítsrowo; wóawo ké hâ dzí wódɔna. Hótsui aló ga hâ ménɔ̀ wó sí o. Né agbledelá le lã dím lá, átsɔ éfe agblemenú áyì ḍɔ lii, neném̀a ké nútùlá hâ átsɔ amla áyì ḍaxɔ agblemenú le agbledelá gbɔ́. Wófe xɔtutu hâ ményo o, xɔwó mélòlo ábe mía tɔwó ené o. Wómegbaa wófe xɔwó kplé be o, ké wówɔ̀a wó támè gbadzaa, éye wótsɔa anyí tréa wó. Amaḍéwo béna wófe xɔwó le tegblẽ, éye wówɔ̀ wó támè tsuɛ̂ ábe Aŋlɔ́awo kplé Avénɔ̀awó fé xɔwó ené. Le yemáyì me dɔ́ vévitɔ énye agbledede. Wófe agblemenú vévitɔwo nyé lu, fo, azí kplé ayi. Wódèa ade hâ. Wófe adedanúwo kplé avawɔnúwo nyé da, akplɔ kplé kaa ḍé fomeví si wótsɔna kua kɔ ná futɔ́wo. Tsâtɔwo nyá nútùtu hâ. Afíka wókpɔ aḍabá aló kpɔ́ti tsóè? Gbâ lá wólolo kpé fomevía ḍé si wóyɔna bé bitsabí tu núì; émègbé la wóde así aŋɔkuku me héva lólo gé, ábe álesì Akpáfùawó kplé Santrokófìawó gawɔnɛ vásede fífi ené.*

*étsɔ ka lá ku kɔ nɛ̂* er warf ihm den Strick um den Hals
*wómenya dɔ́wɔ̀wɔ lá o* sie verstehen die Arbeit nicht
*éde así (éd' âsí) agbleŋɔŋlɔ me* er fing an zu hacken
*éwɔ̀e ábe álesì ame búbŭwó wɔnɛ ené* er machte es so wie die anderen Leute es machen.

## 33.

## Temporalsätze.

Sie werden eingeleitet durch Konjunktionen.

*Ésì, (le) ésìme* als. *Ésì-megbé* nachdem. *Ésì wóɖù nú vɔ lá, wóde así dɔ́wɔ̀wɔ me* als sie mit dem Essen fertig waren, fingen sie an zu arbeiten. *Le ésìme wògale éfe nyagbɔgblɔ dzí lá, Adza hâ do* während er noch an seinem Sprechen war, erschien auch Adza. *Ésì wódzì ha megbé lá, wókà hlɛ̃ yi afé* nachdem sie gesungen hatten, zerstreuten sie sich und gingen nach Hause.

*Háfi, háfi né* bevor, als. Steht der Temporalsatz voran, so steht das Zw. im Konjunktiv (s. 16): *háfi wòáɖo afé lá, fofóa kú xóxo* bevor er nach Hause gelangte, war sein Vater schon gestorben; *háfi né fia náva lá, amewó kátã fo fú vɔ* bevor der Häuptling kam, waren alle Leute versammelt. Dagegen: *megblɔe nɛ̂ háfi dzó* ich sagte es ihm, bevor ich wegging. *Megblɔe nɛ̂ háfi wòdzó* (oder *wòádzo)* ich sagte es ihm, bevor er wegging; *mágblɔ̀e nɛ̂ háfi wòádzo* ich werde es ihm sagen, bevor er weggeht.

*Vásedɛ éshme* bis daß. *Wósrɔ̃ nú, vásedɛ ésìme núfiala vá* sie lernten, bis der Lehrer kam. *Wóatsi afî, v. e. wóawɔ̀ dɔ́ lá vɔ* sie werden hier bleiben, bis sie die Arbeit fertig haben. *Nétsi afé, v. e. éfe abi náku* er soll zu Hause bleiben, bis seine Wunde heilt.

*Ŋkeke álesì* solange als. *Ŋkeke álesì mele afî lá, mánɔ̀ sukû dem'* solange ich hier bin, werde ich ständig die Schule besuchen.

*Kásiaa* sobald als. Das Zw. steht im Konjunktiv. *Kásiaa ŋu nákè lá, wódzè mɔ́* sobald es tagte, machten sie sich auf den Weg.

*Tete* nachdem, sobald als, ohne Satzartikel.

*Mevá tete, wóde así ɣlídodo me* sobald ich kam, fingen sie an zu schreien; *né mekpɔ́è tete, máyì afé* nachdem ich ihn gesehen habe, werde ich nach Hause gehen.

*Blemanyawó núwuwu.*

*Le Ŋɔtsié lá, Eveawó nɔ fia Agɔkɔlí té. Éɖè fu ná wó geɖee, éye wòsẽ́ ŋuta. Gbe ɖeká éɖo ná wó bé wóanyã̀ anyí ná ye, né yeátù xɔ. Háfi né wóava anyía nyãfé lá, éna wótsɔ ŋuwó kplé srẽ́wo dé émè. Kásiaa né ameawó nátù afɔ anyía dzí lá, wóxɔ̀ abi ále bé wótrɔ dzó kplé dzikú. Ŋkeke búbŭ égblɔ̀ ná wó bé wóatsɔ anyí ágbè ka ná ye. Nya lá ka ɖé wófe ta me, éyata wóyì ɖaká étà ná amegã́ xóxo ɖeká. Éɖo aɖaŋu ná wó bé wóayì ɖató ná fia lá bé nétsɔ ka má tɔgbeé ná yewó, né yewóagbèe ɖé éŋuti; élàbéna „xóxoa ŋú wógbèa yéyea ɖóna*[1]*).“ Wófe nyawó ɖu ɖzi ná fia lá; éva zu dzre gɔ̃ ále bé dukɔ́ lá fé akpá gã́tɔ ɖô kpé ɖzoɖzó dzí, élàbéna fia lá ɖe wó tóè ákpa.*

*Gbe ɖeká wó kátã wóyì ɖakpé ta ɖé ame tsitsi má gbɔ́, éye wóɖo aɖaŋu le wófe dzodzó ŋúti. Wóɖo bé wóamù gli lá. Éyata wódê sé ná nyɔ́nùawó bé né wónyã̀ avɔ̃ aló klɔ́ agbă me lá, wóanɔ̀ tsia kɔm' ɖé glia ŋúti. Ésì wókpɔ bé glia bɔbɔ lá, wóva fo fú, éye amegã́ lá dó adekpui lá ɖé dzí, dó gbe ɖá gblɔ béna: „O Máwu, vu vɔ ná mí, né míadò gó!“ Tete wòtsɔ́ adekpuia kusi gli lá ŋɔ́ ɖé égodo, éye énumake asáfòawó vá tu asíì fú anyí. Wóna nyɔ́nùwó kplé ɖevíwo dé así gódòdo me, éye ŋútsùwó tsɔ̃ vú le fofom' bé fia lá nágàdze si wófe dzodzó o. Wólè ésìa wɔwɔ dzí vásede zã́ gã́ me, éye ésì wókpɔ bé duametɔ́wo ɖó xɔ kéŋ lá, wódzùdzɔ vúa fofo, éye wódzo.*

*éɖè fu ná mí* er plagte uns
*wóɖo nám' bé máyì* sie beauftragten mich, zu gehen
*éna meyi* er gab ich ging: er ließ mich gehen

---

[1]) Wegen *ɖóna* s. die folgende Übung.

*nya lá ka ḍé míafe ta me* die Sache zerstreute sich in unserem Kopf: verwirrte uns

*éka nya lá ta ná mí* er sagte des Wortes Kopf gab uns: er berichtete uns die Sache

*wókpà atí lá ḍé búbŭa ŋúti* sie schnitzten das Holz nach dem (Vorbild des) anderen

*éḍù dzi nám̀* es biß mir das Herz: ärgerte mich

*wóḍô kpé yiyi dzí* sie stellten einen Stein auf das Gehen: beschlossen zu gehen

*ḍe ame tó* jemand unterdrücken; *ză gă* tiefe Nacht

*wókpe ta ḍé ƒia gbɔ́* sie versammelten sich beim Häuptling

*wónɔ̀ tsi kɔm' ḍé glia ŋúti* sie schütteten dauernd Wasser gegen die Mauer

*édo así ḍé dzí* er reckte die Hand hoch

*éŋɔ gli lá ḍé égodo* er durchbohrte die Wand bis an ihr Jenseits: ganz durch

*wóḍo xɔ* sie gelangten ins Haus: legten sich schlafen

*étù así mí fú anyí* er stieß (mit der) Hand uns warf (zu) Boden: er stieß uns zu Boden.

## 34.

## Übergang von Zeitwörtern in die Funktion von Präpositionen, Adverbien und Konjunktionen.

*ḍé* hingelangen drückt allgemein die Richtung hin nach etwas aus:

*éyì ḍé aƒíma* er ging dorthin; kommt *ḍé* an das Satzende, so lautet es *ḍó: aƒíma wòyi ḍó* dorthin ging er; Habitual: *aƒíma wòyina ḍóna*

*yi* gehen: *míekplɔ̀e* wir führten ihn, *míekplɔ̀e yi* wir führten ihn hin; *tsɔ́è yi* trag es hin

*tsó* herkommen von erlangt die Bedeutung ‚von, aus‘:

*éxɔ̀e tsó asínyè* er bekam es aus meiner Hand

*vá* kommen drückt ‚her‘ aus: *kplɔe vá* führe ihn her

*tó* hindurchgehen: *éto afí* er ging hier durch; in der Bedeutung ‚durch‘: *tô mɔ́ sia dzí* durch diesen Weg, auf diese Weise

*tso* kreuzen wird ‚durch, über‘: *wóva tso tɔsísi lá* sie kamen über den Fluß

*tsɔ́* nehmen: *étsɔ dzidzɔ wɔ éfe dɔ́* er nahm Freude tat seine Arbeit: tat seine Arbeit mit Freuden

*bu* denken: *ébù wɔe* er dachte tat es: tat es absichtlich

*vɔ* fertig, zu Ende sein: *wótù xɔ lá vɔ* sie haben das Haus fertig gebaut.

*hé* (sich entfernen): *éheyì* er machte sich fort; es ist meistens mit ‚und‘ zu übersetzen *émlɔ anyí héku* er legte sich hin und starb.

Der Übergang der obigen (und anderer) Zw. in andere Wortklassen kommt dadurch zum Ausdruck, daß sie in diesen Verbindungen meistens nicht konjugiert werden, sondern unverändert bleiben; für *ḍé* und *hé-* gilt dies immer, für *vɔ* fast immer, bei den übrigen ist es dem Belieben des Sprechers überlassen, man sagt *wóaxɔ̀e átso asínyè* oder *w. tsó asínyè*. Ebenso *tsó afíma wóxɔ̀nɛ* von dort erhalten sie, oder *wóxɔ̀nɛ tsó afíma*, oder *afíma wóxɔ̀nɛ tsó* oder *afíma wóxɔ̀nɛ tsóna*.

Als sie auf dem Felde waren, kam ein Fremder zu ihnen und fragte sie, wohin der Europäer gegangen sei. Sie halfen einander in der Arbeit. Wenn du dies Buch fertig gelesen hast, werde ich dir ein anderes geben. Nachdem sie seine Worte gehört hatten, schwiegen sie alle. Ich war nicht dabei. Sie nahmen ihm die Hacke weg. Sie werden mir nicht gehorchen. Verachtet nicht die Fremden! Sie hat die Suppe nicht gesalzen. Ich werde in Lome bleiben, bis daß sie zurückkommen. Wenn er es nicht sagt, wird man ihn bestrafen. Sie legten dem Rind einen Strick um den Hals. Die Leute fingen an zu schreien, denn sie glaubten, er werde sie schießen. Nachdem sie den ganzen Tag Steine getragen hatten, waren sie hungrig und durstig. Bevor er es sagte, waren sie schon gekommen. Solange sie die Schule besuchen, werde ich ihnen keine andere Arbeit geben. Sobald wir kamen, lief er weg, und wir sahen ihn nicht wieder. Sie haben uns die Sache berichtet. Er ließ uns gehen. Wir haben dem Europäer die Sache berichtet. Er hat sein Geld durch Arbeiten erhalten. Sie gingen dorthin. Dort gingen sie hin.

## 35.

### Kausalsätze.

Durch *ésì — ŋúti, ésì — ta* weil, da.

*Ésì ga mélè asínyè o ŋúti lá, nyeméyì asi me o* da ich kein Geld hatte, ging ich nicht auf den Markt

*ésì wòlé dɔ ta lá, míexɔ̀e ɖé míafe xɔ me* da er krank geworden war, nahmen wir ihn in unser Haus auf.

Durch *élàbéna* denn, weil.

*Nyemáyì égbè o, élàbéna vovo mélè asínyè o* ich werde heute nicht gehen, denn ich habe keine Zeit.

*Núsì ta avű noa tsi kplé éfe aɖé ɖóna.*

*Le blema lá avű énye nútùlá, éye klo kpéna ɖé éŋu le vúyɔ̀yɔ me. Ésì wóyì nútùfé gbe ɖeká lá, dzre vá dzɔ ɖé wó dome. Dzre lá nu sẽ ŋútɔ, ále bé avű dí bé yeálé klo áɖù. Éléè vávǎ tsɔ́ dé dzo me. Klo dze ŋe ɖé dzo lá me. Éva xɔ dzo ále bé adé dé así dodo me tsó énù. Ésì avű kpɔ́è ko lá, ésusu bé klo lá bí vɔ héɖo ɖuɖu me, ékpɔ adé lá hésusu bé ami sɔ́ŋŋ wònyé le tsɔtsyɔm' tsó éfe lã me. Avű lá ke nu dó éfe aɖé ɖá bé yeáɖuɖɔ ami lá. Kásiaa klo lá mía éfe abé ɖéè sésĩe. Avűa dze agbagbá bé yeáhè yefé aɖé lá ádò gó dó kpoe. Ésì núa gló avűa lá, éɖo támè bé yeáyì áɖàgé ɖé tɔ me áku zi ɖeká boŋ', élàbéna ésè vevé ákpa; énɔ̀ xɔxlɔ̃m ále bé lãwó kátã ɖi vo hékpɔè ɖá dũũ. Gaké avű lá le du dzí ko yi tɔsísi gbɔ́. Éfò éfe ta ɖé émè zi ɖeká, kásiaa klo lá ɖe así le éfe aɖé lá ŋú yi tɔ lá me. Tsó ésìa dzí lá klo mégádê há kplé avű o; éye né avű le tsi no gé lá, étsɔa éfe aɖé ko nonɛ kpatakpata, élàbéna élè vɔvɔ̃m bé ɖéwohĩ klo ágàvá ámia éfe abé lá ɖéè.*

*éfe dzikú nu sẽ* seines Zornes Mund (Inhalt, Art) war hart: sein Zorn war groß

*adé do tsó énù* Schweiß erschien aus seinem Mund: aus ihm: er schwitzte

*édzè ŋe ɖé tsi me* er legte sich auf dem Rücken ins Wasser

*kútsetse lá ɖó ɖuɖu me* die Frucht ist ins Essen gelangt: ist eßbar geworden, reif zum Essen

*édo así ɖá* er streckte die Hand aus

*émia éfe abé ɖéè* sie preßte ihre Schere hin(auf) sie: preßte sie zwischen ihre Scheren

*do gó* hinausgehen *éhèe do gó* er zog es hinaus

*édo kpo dɔ́wɔ̀wɔ* oder *le dɔ́wɔ̀wɔ me* er hatte Mißerfolg im Arbeiten

*éwɔ̀ dɔ́ dó kpo* er arbeitete erfolglos, *éwɔ̀e dó kpoe* er tat es erfolglos

*nú gló ɖeví lá* die Sache wurde dem Kinde zuviel, das Kind war der Sache nicht gewachsen

*meɖó támè bé máyì* ich nahm mir vor, zu gehen

*élè du dzí* er ist am Laufen, *éyì dzí* er machte weiter, fuhr fort

*tsó ésià dzí* von da an

*wódê há kplé amegã Kofí* sie verkehrten mit Herrn Kofi.

## 36.

## Absichtssätze.

Durch *né, bé, béna* daß, damit.

*Míaɖè ablá, né míawo hã́ míakpɔè* wir wollen uns beeilen, damit wir es auch sehen

*wóva béna wóakpɔ dɔléla lá ɖá* sie kamen, um den Kranken zu besuchen.

Durch *béna — ŋúti, béna ta.* Der Absichtssatz steht voran und schließt mit *lá.*

*Béna tsi mágàfo wó o ŋúti lá, wótsɔ xexí ɖé así* damit sie nicht naß würden, nahmen sie einen Regenschirm in die Hand.

Eine Absicht wird auch durch *ḍa-*, um zu, und durch den Ingressiv ausgedrückt *éyì ḍatu xɔ* er ging, um ein Haus zu bauen, *élè xɔ tu gé* er will ein Haus bauen.

*síaa* jeder, irgend ein.

*amewó kplé lãwó síaa* sowohl Menschen wie Tiere. *Síaa* wird oft in Verbindungen wie den folgenden gebraucht, wobei der Vokal *a* gekürzt wird. Die besonders häufig vorkommenden Verbindungen werden wie ein Wort geschrieben.

*atí sía atí* jeder Baum, *xɔ sía xɔ* jedes Haus, *ŋkeke sía ŋkeke* jeder Tag; *núsiânú* jedes Ding, alles, *afísiâfí* überall, *amesíamè* jedermann, *gbesíagbè* täglich. Im verneinten Zw. haben die Verbindungen negative Bedeutung: *wómenam' núsiânú o* sie gaben mir nichts, *amesíamè méva o* niemand kam.

*Wówɔ̀ dɔ́ ŋkeke blíbò lá béna wóawu wófe dɔ́ lá nu égbè. Béna wómagàḍe fu ná wó o lá, wóḍè así le wó ŋú héna wóyì. Agbeli lá bí héḍo ḍuḍu me, vá míaḍùi, né míadzo yi. Míanɔ̀ anyí víḍe, ḍéwohĩ wóagàvá. Wókplɔ̀e do gó. Ŋútsùví mélɔ̃ bé ye ḍeká yeáyì o, élàbéna médè fia gbɔ́ kpɔ́ o. Míetèe kpɔ́ dó kpoe. Édo kpo agba lá tsɔ́tsɔ, égloè. Núa glóm', nyemágàtee kpɔ́ ákpɔ o. Meḍó támè bé máyì Ablotsí, gaké fofónyè méḍè mɔ́ nám' o. Wógàle wófe atítsòtso dzí. Ésì ga mélè wó sí o ta lá, wógbùgbɔ yi afé. Wótsɔ avífàfa yi. Wófena le afíma. Afíma wófena lena. Wókplɔ̀a wó yi afímạ. Afíma wókplɔ̀a wó yina. Wóyì ḍé avé me. Avé meé wóyì ḍó. Avé meé wóyìna ḍóna. Amesíamè mélè o. Wómetù xɔ sía xɔ o. Ésì amewó méva o lá, míeḍô kpé yiyi dzí. Amegã ḍó ná mí bé míafò fú ḍé yevú gbɔ́. Míalàla afì, váseḍe ésìme wóava vá.*

## 37.

## Folgesätze.

Durch *éye* und, daß.

*Núka dzɔ, éye miélè vɔvɔ̃m* was hat sich ereignet, daß ihr euch fürchtet?

Durch *né* oder *bé, béna.*

*éya ményе alakpatɔ́, né wòáka avatsó o* der ist nicht ein Falscher, daß er lüge; *núka wòwɔ mi bé mi kátã miédzo le égbɔ̂* was hat er euch getan, daß ihr alle von ihm weggegangen seid?

Das Hw. *tɔ́* Besitzer, Herr, Vater wird oft in Zusammensetzungen gebraucht: *afétɔ* Hausbesitzer, Herr, *agbletɔ́* Feldbesitzer, *Evetɔ́* ein Ewemann, *Blutɔ́wo* die Twileute.

*xɔ* entgegennehmen, annehmen, *xɔ nya se* eine Sache annehmen (und) hören: eine Sache glauben, *mexɔe se* ich glaube es; auch: *xɔ nya dzí se* einer Sache Oberseite annehmen (und darauf) hören; *mexɔ Máwu dzí se* ich glaube an Gott; *mele édzi xɔm' le sesem'* ich glaube an es, *mele édzi xɔ gé ásè* ich will an es glauben.

*Éxɔ̀ nám'* er kam mir zur Hilfe, rettete mich; *xɔxɔ* Rettung, auch *amexɔxɔ; xɔlá* Retter; *xɔse, dzíxɔ̀se* Glaube.

*Lódodowo.*

*Agama bé: zɔzɔ blewu hâ kú le émè, zɔzɔ kpata hâ kú le émè. Đeví manyânú se aví bu bé haé. Dzo bi nú mébìa ga o. Vɔ mi nú mémìa dzrídza o. Tókunɔ̀ mékua fenyí wóyɔnɛ̂ o. Ame dáhè kplé kesinɔtɔ́ mékèa ḍi o. Atí ḍeká méwɔ̀a avé o. Lóvi mékua tɔkú o. Fia eve ménɔ̀a du ḍeká me o. Ame eve métsia bome o. Agálã métrɔna zua xe o. Así gbɔlo méyìa asi me o. Amaḍé ményãa xe dzodzoé eve o. Lãkle ví méḍùa gbé o. Koklôzì mégblɔ̀ ná koklô bé néfò ye o. Koklôví métùa xɔ ná koklô o. Xe matsimatsi méfàna le zã o. Koklôví fé nya médzɔ̀na le avakowó dé o. Tagbatsú gblɔ bé: xéxemè le ŋgɔgbé gale megbé hâ. Ló fé ŋukpe ényе vé fé ŋukpe. Đeví mékɔa fofó ḍé dzí gblɔ bé „kpɔ́ nyi ḍá" o. Né hakpalá kú hâ lá, éfe aḍé ményùnyɔna o. Amaḍé métsɔa aféxɔ̀ fé bè gbáa agblexɔ o. Ŋdí ményona ná ame wòkoa nu o. Klo bé ye hâ yeátro ḍa pesepese tsó, gaké ḍa mélè ye ŋú o. Afi mékpɔa dadi fé kotokú me o, ákpɔ dadá fé ta le émè.*

38.

## Zusammengesetzte Hauptwörter.

Sie sind außerordentlich zahlreich und vielfach in ihrer Bildung.

1. Nachsilbe *-tɔ́* s. 37.

2. *-nɔ* ‚das Weibliche' bezeichnet Personen, die mit etwas behaftet sind, unter etwas leiden. *dɔ* Krankheit: *dɔnɔ* Kranker, *dɔ́* Arbeit: *dɔ́nɔ̀* Schwerarbeiter, *fú* Leibesfrucht: *fúnɔ̀* Schwangere, *kpó* Buckel: *kpónɔ̀* Buckliger, *ŋkú* Auge: *ŋkúnɔ̀* Augenleidender, Blinder.

3. Bei Tieren (und vereinzelt bei Bäumen) wird das männliche Geschlecht durch *-tsú* Männliches und das weibliche durch *-nɔ* Weibliches ausgedrückt: *sɔ́* Pferd, *sɔ́tsu* Hengst, *sɔ́nɔ̀* Stute; *koklôtsú* Hahn, *koklônɔ̀* Henne.

4. *ví* Kind, Junges, bildet Deminutive. *nyiví* Kalb, *xɔví* Häuschen.

5. *me* das Innere, bezeichnet räumliche, zeitliche Ausdehnung, Inhalt. *Keke* breit sein: *kekeme* Breite, *kɔ́* hoch sein: *kɔ́kɔmè* Höhe, *ɖeví* Kind: *ɖevímè* Kindheit, *nɔ* sich befinden: *nɔnɔme* Gestalt, Art, Weise; *zɔ* gehen: *zɔzɔme* Lebenswandel, *lolome* Umfang.

6. Drei Hw., davon das mittlere eine Postposition.
*atímètsi* Baum-in-Wasser: Baumsaft, *gbémèlã̀* Buschtier
*kplɔ̃́dzivɔ* Tisch-auf-Tuch: Tischtuch *avémètí* Waldbaum
*fésrènúvɔ* Fenster-Mund-Tuch, Fenstervorhang

7. *nyénye*, das Verbalnomen von *nyé* sein, bildet Abstrakte: *gã́* groß: *gã́nyenye* Größe; *fu* Haß *futɔ́* Hasser, Feind, *futɔ́nyenye* das Feindsein, Feindseligkeit.

8. Hw. und Verb und Hw.

a) *núŋlɔ̀nú* Dingschreibeding, Schreibgerät; *tu* schmieden: *nútùnú* Schmiedewerkzeug; *atíkpàfi* Holzschnitzmesser: Hobel; *atíkpàkplɔ̃* Hobelbank.

b) Mit *-fé* Ort: *dɔ́wɔ̀fé* Arbeitsplatz, *núnyà̀fé* Waschplatz, *gakufé* Eisengrab-Ort: Eisenbergwerk; *nútùfé* Schmiedewerkstatt.

c) *dɔwuame* (Bauch-tötet-Menschen) Hunger, Hungersnot
*dɔmevéamè* (Bauch-schmerzt-Menschen) Ärger
*taɖuame* (Kopf-beißt-Menschen) Kopfweh.

Fängt in einem zusammengesetzten Hw. das am Schluß stehende regierende Hw. mit dem Präfix *a-* an, so fällt dies weg: *atí* Holz, *xɔtutí* Bauholz, *afi* Maus *aféfì* Hausmaus; *aha* Alkohol *yevúhà* europäischer Alkohol.

Auch in gewissen anderen, weniger engen Verbindungen fällt ein anlautendes *a-* des Hw. aus, z. B. *así* Hand, aber *le ame sí* in eines Menschen Hand (vgl. 13); *atí* Baum, aber *avé sia me tí* der Baum in diesem Walde
*émè tíwo* seines Inneren Bäume: die Bäume darin
*afé* Heim, Gehöft *Kofí fé me* im Gehöft des Kofi
*tsa asi* Handel treiben, *tsa lă si* Fleischhandel treiben
*atíkè* Arznei, *ta kóko tíkè* Arznei gegen Kahlköpfigkeit
*ame* Mensch *nenéṁ me sia* dieser besagte Mensch.

Seine Art gefiel uns nicht. Wegen seines Kopfwehs ist er zu Hause geblieben. Die Männer kamen in der Schmiede zusammen, um über die Sache zu reden. Diese sind besser als die, die wir gestern gesehen haben. Ich selber weiß es auch nicht. Er wohnte in seinem eigenen Hause. In seiner Kindheit war er in Europa gewesen, sein Herr hatte ihn mitgenommen *(kplɔe yi)*. Montag und Dienstag waren sie auf ihren Feldern. Er sagte, er hätte es nicht getan. Sie waren wütend, aber sie konnten nichts machen. Wünschest du, daß ich wiederkomme? Wenn er aber nicht will? Soll er nichts bekommen? Wir werden sie fragen. Sie ließen das Kind kommen.

## 39.

### Zweisilbige Zeitwörter.

Sie sind meistens Verdoppelungen, z. B. *dzudzɔ* aufhören, von *dzɔ* warten, *gbugbɔ* umkehren von *gbɔ* wiederkommen, *gbúgbɔ* saugen von *gbɔ́* saugen, *ɖuɖɔ* wechseln von *ɖɔ* wechseln, *ɖúɖɔ* lecken von *ɖɔ́* lecken.

Diese bleiben in den *le*-Formen unverändert, werden also nicht noch einmal verdoppelt: *élè dzudzɔm'* er ist am Aufhören, *élè dzudzɔ gé* er will aufhören; *dzudzɔ* das Aufhören.

Andere zweisilbige Zw. dagegen werden wie einsilbige verdoppelt: *súbɔ* dienen, *élè subɔsúbɔm*, *subɔsúbɔ gé; subɔsúbɔ* Dienst. *Élè ésubɔm* er ist ihm dienend.

Das deutsche Perfekt '(irgendwo) gewesen sein' wird durch *de* hingelangen ausgedrückt: *nyemédè afíma kpɔ́ o* ich bin nie dort gewesen. Folgt auf dies selbe *de* ein Zw. im Ingressiv, so drückt das ein beinahe erreichtes Tun oder Geschehen aus: *mede kukú gé* ich wäre beinahe gestorben, *édè wu ye gé* er hätte mich beinahe getötet.

*Élè afí* er ist oder war hier
*énɔ̀ afí* er war hier, hielt sich hier auf
*ánɔ̀ afí* er wird hier sein, sich aufhalten
*énɔ̀a afí* er pflegt sich hier aufzuhalten

*Akɔɖú siwó wónam' lá, wómeɖì o, éye wóxɔ̀ asi ákpa hã, megbé wó xɔxɔ. Tɔnyewó nyó. Fífia míayì tɔ dzí, éye émègbé míayì ɖakpɔ́ yevíuʼo fé núwɔ̀wɔ ɖá. Avéa lolo, émè tíwo tri. Éflè taɖuame tíkè, gaké méwɔ̀ dɔ́a ɖéke ɖé édzi o. Amegbetɔ́wo le ábe aŋgbɩ fúfu ené. Núsì le mía sí lá, míetsɔ ná wó, núkà míagàwɔ? Nye lãme blíbò lá kátã le véyèm', éye nyemégànyá núsì máwɔ̀ o. Akɔ́ta le évem. Núwo kátã sɔ gbe. Kése bé núsì le ye vém lá énye bé yemézù ame o. Afétɔ méfɔ háɖe o. Wódè kukú gé le dzoxɔxɔ ta. Wóbe máva. Wótsɔ aŋbawó ɖó ta dzí héyì. Wókpe ta le nútùlá fé me. Ɖevíwo mã núawo me. Wótsɔa atí aló kpé tua xɔe. Nyemégàle éwɔ̀ gé o. Míekpɔ amaɖéke si se wófe gbe o. Míedi wó dó kpoe.*

*éfe núwɔ̀wɔ métrɔ nám' o* sein Treiben war mir unverständlich
*taɖuame tíkè* Arznei gegen Kopfweh
*nú sia méwɔ̀ dɔ́a ɖéke ɖé dzínyè o* diese Sache übte keine Wirkung auf mich
*núkà máwɔ̀* was soll ich tun?

40.

*Énò tsi kú* er trank Wasser starb: er ertrank
*dɔ wui wu* Hunger tötete ihn tötete: er verhungerte
*édɔ alɔ̃ tra* er schlief verirrte: er verschlief
*afɔ méli nám̀ o* Fuß ist mir nicht: ich bin fußleidend, bin nicht gut zu Fuß
*akɔ́ta méli nám̀ o* ich bin brustleidend
*nú wɔm* ‚ein Ding machte mich‘: etwas, ein Übel, befiel mich; *fu wɔm* Leid suchte mich heim
*núkà le wɔwɔ̀m'* was fehlt dir?
*énya kpɔ́na* es versteht zu sehen: sieht schön aus
*ménye lãwó kátã fé xɔxlɔ̃ nyá sena o* nicht aller Tiere Schreien hört sich schön an
*nye hâ mekpɔ́è* auch ich habe es gesehen
*fia hâ vá* der Häuptling kam ebenfalls

*ɖu* essen drückt häufig eine Funktion aus: *éɖù núfiala* er versieht das Amt eines Lehrers; *ɖu fia* Häuptling sein; *ɖu-dzí* die Oberhand haben, siegen, regieren *éɖù wó dzí* er besiegte sie, *éɖù anyígba lá dzí* er regierte das Land; *dzíɖùɖu* Sieg, Regierung, *dzíɖùfé* Herrschaftsbereich, *dzíɖùlá* Sieger, Regierender.

*Ékpe ɖé ŋúnyè* er schloß sich meiner Außenseite an: begleitete mich, half mir, *kpekpéɖeŋu* Hilfe, *kpéɖeŋutɔ* Begleiter, Gehilfe; *hékpe ɖé éŋuti lá* anschließend an seine (näml. des Vorausgegangenen) Außenseite: außerdem.

*Fia lá tsí trè yi ɖé ŋgɔgbé víe. Éfe amegâwo kplé éfe asafohlĩwo tsí tre ɖé éŋuti, éye fia lá ŋútɔ yɔ́ Adálà ɖá bé: „Máfò nu dzró máhâ?“ Adálà ɖó éŋu nɛ̂ bé: „Jo nu faa.“ Égblɔ̀ bé: Nye ɖeká menyé fia fé dɔmlɔe, si susɔ ɖé Hóawo dome. Nɔvínyèwó nésèe, sɔ́hawo nésèe. Nyatefé menɔ tɔ́nyè yómè le afé me kplé avagbé me. Ázɔ tɔ́nyè mégàle o, éye Hóawo tsɔ́m̀ ɖó tɔ́nyè fé kpúkpǒ dzí. Fu wɔm geɖee, núwo vá vɔ le asínyè. Ví hâ mélè asínyè o; gaké nyemégbe tɔ́nyè fé kpúkpǒ o. Kpúkpǒ lá tɔnyeé vávǎ, éye mele édzi. Ésì Táviawo wɔ nú baɖabaɖa lá, medɔ́ ame ɖó ɖé Kwadzó*

*Dé, élàbéna éya énye mí kátă tɔ́. Kwadzó Dé dɔ́ éfe asafohlĩwo ɖá, éye émègbé éya ŋútɔ hâ vá. Ésì wòkpɔ́ núsì Táviawo wɔ lá, édɔ ame ɖó ɖé amláɖò le Gɛ. Émègbé éva yɔ́m' vá éɖokui gbɔ́. Ékplɔ̀m yi gbé me gblɔ nám' bé: „Núsì Táviawo wɔ lá, ébia ava, ava kokoko wɔ gé míala. Éyata édzè wò bé náflè ɖutí blánè ádo ɖém', né máwɔ̀ ava láè. Núsì mákpɔ le ava lá me lá, mátsɔ áxe fe láè.“*

*Éyɔè ɖá* er rief ihn her *kpɔ́ ɖá* siehe da! *kpɔ́ amea ɖá* sieh den Menschen da!
*menyă wó ɖó ɖá* ich jagte sie weg
*dó gbe ɖá ná Máwu* zu Gott beten
*máfò nu dzró máhâ* darf ich bitte sprechen?
*élè éyomè* er ist hinter ihm her, *dze ame yómè* jemand nachfolgen, *yómèdzelá* Nachfolger
*wódɔ ame ɖó ɖé yevú gbɔ́* man schickte jemand zum Europäer
*éyɔm' vá éɖokui gbɔ́* er rief mich her zu sich
*núsì éwɔ̀ lá, ébia tóhèhe* was er getan hat, verlangt Strafe
*édzè wò bé náyì* es gebührt sich, daß du gehst
*núsì mákpɔ le émè lá, mátsɔ áxe fe ná wò* aus dem, was ich daraus bekomme, werde ich dich bezahlen.

41.

*Mekpɔ́è wòvá* ich sah ihn kommen
*míesè wó wólè ɣlí dóm* wir hörten sie schreien
*Étsɔ abólò lá ɖu* er nahm das Brot und aß es
*wólé ɖeví lá wu* sie griffen das Kind und töteten es
*Éyì ɖadzráè* er ging hin und verkaufte es
*Mefle koklô hétsɔè ná yevú lá* ich kaufte ein Huhn und gab es dem Europäer
*Éwɔ̀ dɔ́ wòsɔgbɔ* er tat Arbeit es war viel: er arbeitete viel
*énɔ̀ gbɔ́nyè wòde ŋkeke eve* er war bei mir es erreichte zwei Tage: er war zwei Tage bei mir
*Étsɔè wɔ éfe dɔ́è* er nahm es machte seine Arbeit es: er machte es zu seiner Arbeit, machte es sich zu seiner Aufgabe.

Bemerkungen zum Verbalnomen und Verbaladjektiv (s. 17).

Endet ein Verbalnomen mit dem (indirekten) Objekt *ame* Mensch, so wird das Zw. nicht verdoppelt: *dô vló* verachten hat als Verbalnomen *vlódodo*, dagegen von *dô vló ámè* einen Menschen verachten bildet man *vlódoamè* Verachten eines Menschen; ebenso *fuḍenámè* Plagerei, das einen Menschen Plagen, von *ḍe fu ná ámè*, *dzoḍuame* Bezauberung eines Menschen, von *ḍu dzo ame* jemandem Zauber essen d. h. jemand bezaubern.

*ékpɔkpɔ dô ŋɔ̃dzi námʽ* sein Anblick jagte mir Schrecken ein

*ésèse mévivi ná mí o* ihr (nämlich der Nachricht) Hören war uns nicht angenehm.

*éfu así akɔ́ námʽ* er schlug die Hand auf die Brust für mich: verbürgte sich für mich; *asífufu akɔ́* die Bürgschaft, *asífuakɔ-námèlá* Bürge; *éna tam* er gab Kopf mir: ergab sich mir, gab mir nach; *ḍe gbe fã́* wegnehmen (‚äußern‘) die Stimme laut: bekannt machen, *gbefã́ḍèḍe* Bekanntmachung; *mele nya lá me ḍe gé áfia* ich will der Sache Inneres äußern (und) zeigen: will die Sache erläutern, offenbaren; *nyaḍeḍefía* Offenbarung.

Das Verbaladjektiv erhält oft die Endung *-é* (ist es; s. 10): *kɔ* hell, rein sein, *kɔkɔ* oder *kɔkɔé* rein, hell; *lɔ̃* lieben, *lɔlɔ̃* oder *lɔlɔ̃é* geliebt.

Zu der Endung *-tɔ́* Herr, Besitzer (37).

*anyígbadzitɔwo* Landes-Oberfläche-Herren: Bewohner des Landes; *agble lolo sia tɔ́* Besitzer dieses großen Feldes; *núwɔ̀ametɔ́* Unglücklicher, von *nú wɔ ame* ein Ding ‚macht‘ d. h. beeinflußt, befällt, einen Menschen.

Merke: *mía tɔwó* meine, unsere Kameraden, aber *mía tɔ́wo* meine, unsere Väter, Herren.

*o - o.*

*éḍànyé nye o, éḍànyé wò o* es sei ich oder du, weder ich noch du; *éḍànyé xɔ́lɔ̃ o, éḍànyé futɔ́ o* es sei Freund oder Feind, weder Freund noch Feind.

*mí kplé wò* wir und du, und: ich und du
*mi kplé nye* ihr und ich, und: du und ich
*wó kplé nye* sie und ich, und: er und ich

*wówùi* sie töteten ihn
*wódii* sie suchten ihn, aber
*vúe* eine Trommel ist es
*atíe* ein Baum ist es.

*Ényo, miḍô tóm', éye mise nye numegbe, mi dumegǎwo! Nyeméwò náneke bé miáfò nyíkɔ ḍé dzínyè o. Mewɔ ava ná Aŋlɔ́ édziedzi, éye mefía ḍókuinyè ábe kalẽtɔ́ cné le núsiânú me. Mekpé ḍé ame dáhèwó ŋú álesì meté ŋúì, megblẽ́ ga geḍee ḍé wó ta, béna míafe dzidzɔkpɔ́kpɔ lá nádè blíbò, élàbéna né foḍiḍi lásɔ̀ lá, ékem nukoko hâ lásɔ̀. Meḍô tó nye dziláwo fé gbe dédie. Né énye ésìa ta miebu fɔ́m' ḍó lá, ékem mikplɔm yi faa. Ké né ménye nenémo lá, ékem miébɔ̀ busú. Mɔ́ ka miékpɔ fífia bé miádô vlóm' áleà? Nyemélè kú vɔ̃m o, ké nye 'ŋkɔ si gblẽ́m miélè lá koé le véyèm', élàbéna fome si me medzɔ ḍó lá, ényé fome 'ŋkɔŋua ḍé, éye nyemédi bé miágblẽ 'ŋkɔ ná fome sia ḍé tanye o. Né nye ŋúvavãe le fu ḍem' ná mi lá, ékem miḍe mɔ́ nám' né mádzo le Aŋlɔ́ nyígba dzí ále bé miafé mo nákɔ̀. Nyemélè kúku ḍem' ná mi ḍé nye agbe ta o, ké boŋ' le fome lá fé 'ŋkɔ ta. Kú lá, ŋútsù fé núe, éye zi ḍeká koé amegbetɔ́ kúna. Né mekú égbè lá, etsɔ hâ megale kukú géà? Éye né nyíkɔ-kú lá nyé ŋukpenánu lá, ŋukpe ka wònyé nám' le kú megbê? Nye lá máyì kplé tɔnye. Nyemégblẽ ví ḍé megbé o, nyemégblẽ fú ḍé megbé o, négbe dzinyeláwo tɔ ko mexa. Éyata nényé tanyeé miélè nú siawó wɔm' ḍó lá, nényé nyeé miébe yewóahè tó ná lá, éye nényé nyeé miébe yewóafia fui lá, ékem élè ná mi béna miáwɔ̀e ále bé nye ŋútɔ aló nye ḍeká ko másè vevé le émè.*

(Aus *F. Kwasi Fiawoo, Tɔkɔ atɔ̃lia*, Die fünfte Lagune. Verteidigungsrede des *Agbebaḍa*. Mitteilungen der Ausland-Hochschule. Berlin 1937).

*fo nyíkɔ ḍé ame dzí* jemand zum Femetod verurteilen
*édè blíbò* es ist vollständig geworden
*wóbù fɔ́è ḍé ésìa ta* man verurteilte ihn deswegen
*ésìa ta wóbù fɔ́è ḍó* deswegen verurteilte man ihn

*né ménye neném o lá* wenn es nicht so ist, andernfalls
*mekpɔ̂ mɔ́ bé máwɔ̀e* ich bin befugt, es zu tun
*nye 'ŋkɔ koé le véyèm'* nur um meinen Namen tut es mir leid
*medzɔ ɖé fome sia me* ich bin in diese Sippe hineingeboren
*fome sia me medzɔ ɖó* in diese Sippe bin ich hineingeboren
*vǎ ŋú ámè* auf jemand eifersüchtig sein, *nye ŋúvavǎ* Eifersucht auf mich
*wóɖè mɔ́ nám' bé máyì* man erlaubte mir zu gehen
*éfe mo kɔ* sein Gesicht klärte sich, er kam zu sich, beruhigte sich
*máyì kplé tɔnye* ich werde mit dem meinen gehen: nehme alles mit, gehe auf eigene Verantwortung
*dzinyeláwo tɔ mexa* das (Elend) meiner Eltern beklage ich
*éyae wólè tó hem' ná* ihn bestrafen sie.

# Vokabular.

## I

### Ewe-Deutsch

Die anlautenden Vokale zählen in der Reihenfolge nicht mit.

*abá*, *abă* Matte, Bett

*baḍabaḍa* übel, schlecht

*Bɛ* ein Ewestamm nahe Lome

*be* Gras zum Dachdecken

*bé*, *béna* sagen; sagend, daß, damit

*abé*, *abɛ́* Zange

*ábe — ené* so wie

*bi* brennen

*bí* gar sein; *bí dzi* zornig sein

*abi* Wunde

*bía*, *bía-se* fragen, bitten, verlangen; *biabía* Frage

*bitsabí* ein eisenhaltiger Stein

*blá* binden, packen

*ablá* Schnelligkeit; *ḍe ablá* schnell sein, machen; *ablá-ḍèḍe* Schnelligkeit

*blávè* zwanzig

*blema* Vorzeit; *blemanya* Überlieferung; *blematɔ́wo* die Leute der Vorzeit

*blewu* langsam

*blĩ*, *blí* Mais

*blíbò*, *blíbo* ganz

*Ablotsí* Europa, *Ablotsítɔ* Europäer

*blu* umrühren

*Blú* Twi, *Blúawo*, *Blútɔwo* die Twi-Leute, *Blugbe* die Twi-Sprache

*abɔ́* Garten

*abɔ́* Arm, Oberarm

*bɔ busú* schuldig werden, in Unheil geraten

*bɔbɔ* weich sein

*bɔbɔ* niedrig sein, machen, sich bücken

*abólò* Brot

*bometsíla* Dummer, *bometsítsi* Dummheit

*boŋ'* vielmehr, sondern; häufig *ké boŋ'*

*Bráḍa* Dienstag

*bu* denken, meinen, berechnen, rechnen, achten, ehren

*bú* verschwinden, verloren gehen, sein; verlieren

*búbŭ* anderer

*busú* Übel, Unheil

*da* Schlange
*da*, *datí* Schießbogen
*da* werfen; *da tú* Flinte schießen
*dá akpé* danken
*Adǎ́* Stadt auf der Goldküste an der Voltamündung
*adǎ* Zorn, Wut, Erregung
*dadá* Mutter
*dadi* Katze
*dáhè* arm
*de* hingelangen nach, erreichen; *de sukû* die Schule besuchen; *de agble* das Feld bestellen
*dé* hineintun, hinantun; *dê sé* ein Gesetz erlassen, befehlen; *dé así núwɔ̀wɔ me* anfangen etwas zu tun
*dé*, *dényigba* Heimat
*dé* Ölpalme
*ade* Jagd, *da ade* jagen, *adelá* Jäger, *adedada* das Jagen, *adedanú* Jagdgerät; *adekpui* Dolch
*adé* Schweiß
*adé* sechs
*dédie* sicher, wohlbehalten, ordentlich
*déhà* Palmwein
*déku* Palmkern
*Adélè* Landschaft in Mitteltogo
*déti* Ölpalmbaum
*détsì* Suppe
*dí* wünschen; wollen; *didí* Wunsch
*didi* lang, weit weg sein; *didime* Länge, Entfernung; *didifé* Ferne
*adidó* Affenbrotbaum
*dɔ* Bauch, Hunger
*dɔ* Krankheit
*dɔ́* schicken
*dɔ́* Arbeit, Mühe
*dɔ́* schlafen, auch *dɔ́ alɔ̃*
*dɔbá* Krankenbett
*dɔxɔ* Krankenhaus
*dɔléla* Kranker
*dɔléle* Krankheit
*dɔme* Bauchinneres; *éfe d. nyó* er ist gutartig, *d. vèè* er ist ärgerlich
*dɔmevéamè*, *dɔmevéve* Ärger
*dɔmlɔe* das zuletzt geborene Kind
*dɔnɔ* Kranker
*dɔ́nɔ̀* Schwerarbeiter; Zuruf an Leute bei der Arbeit; auch = danke!
*dɔ́wɔ̀fé* Arbeitsplatz; *dɔ́wɔ̀lá* Arbeiter; *dɔ́wɔ̀nú* Arbeitsgerät; *dɔ́wɔ̀wɔ* Arbeit
*dɔwuame* Hunger
*do* erscheinen
*dó kpo* Mißerfolg haben
*dó* hineintun, hinantun; einstecken, pflanzen; *dó awu* Kleid anziehen; *dó dzo* Feuer anzünden; *dó du sɔ́* Pferd zum Laufen antreiben

*dó* ausstrecken; *dô nú ḍá* etwas ausstrecken; *dô nú ḍé dzí* etwas in die Höhe recken
*do gó* hinausgehen
*dó gbe ná ame* jemand grüßen; *dó gbe ḍá ná Máwu* zu Gott beten
*dô γlí* schreien
*dô vló ame* verachten
*dome* Zwischenraum, zwischen, unter
*adré, ádre* sieben
*du* Ortschaft, Stadt, Stamm
*du* Lauf; *fú du* laufen
*duametó* Stadtbewohner
*dukɔ́* Volk
*dũũ* starren Blickes
*dzâ, dzáà* Willkommenruf; *dó dzâ ná ame* jemand bewillkommnen
*adzalẽ* Seife
*dzatá* Löwe
*dzɛ̃* rot
*dze* Salz
*dze* sich gebühren
*dze* (Flüssiges) kaufen
*dze* in eine Lage geraten; *dze mɔ́* sich auf den Weg machen; *dze nú gɔme* etwas anfangen; *dze ame ŋú* jemandem gefallen
*dze* erscheinen, aufgehen
*dze si* bemerken, erkennen
*dzi* Herz; *éfe dzi kú, dzi kúì* er ärgerte sich; *ébi dzi* er war ärgerlich
*dzi* gebären, zeugen, erzeugen
*dzi ha* singen
*dzí* das Oben, Oberseite; auf, über; oben
*dzíḍùḍu* Sieg, Regierung, *dzíḍùfé* Herrschaftsbereich, *dzíḍùlá* Sieger, Herrscher
*dzidzɔ* Freude
*édziedzi* oft
*dzíehè* Süden
*dzikú* Ärger
*dzilá* Erzeuger, Gebärerin; *dziláwo* Eltern
*dzí ŋɔ́* erschrecken
*dzidzɔ* Freude
*dzidzɔkpɔ́kpɔ* das Sichfreuen
*dzɔ* gerade sein, machen; recht, richtig sein; *tɔnye dzɔ* das meine ich recht, ich habe recht; *édzɔ̀ dzi nám̀* es erfreut mich [stehen
*dzɔ* s. ereignen, geschehen; entstehen
*dzɔ* geboren werden
*dzɔdzɔé* gerade, richtig, gerecht; *dzɔdzɔényenye* Gerechtigkeit
*adzɔ́nu* Ware
*dzo* Feuer
*dzo* fliegen, *dzodzoé* fliegend
*dzó* weggehen
*dzódzrŏ* vergeblich, wertlos, umsonst

*Dzóḍa* Montag
*dzoḍuḍu* Bezauberung; *dzoḍulá*, *dzoḍuamelá*, *dzoḍuametɔ́* (böser) Zauberer
*dzogolo* Zibetkatze
*dzoxɔxɔ* Hitze
*dzra nú ḍó* etwas herrichten, zurechtmachen, aufbewahren; *dzadzraḍó* Herrichtung
*dzrá* verkaufen
*dzre* Streit, *wɔ dzre* streiten
*dzrídza*, *dzídza* Stachelschwein
*dzró* bitte
*dzu* schimpfen; Schimpf
*dzudzɔ* aufhören, ruhen, zur Ruhe kommen
*ḍa* Kopfhaar
*ḍa* kochen
*ḍa-* um zu
*ḍá* drückt Bewegung aus, her, hin
*ḍá* scharf sein, *ḍáḍɛ* scharf
*aḍabá* Barreneisen
*aḍákà* Kasten, Kiste
*aḍaŋu* Rat; *ḍó aḍ.* raten
*ḍasefó* Zeuge
*ḍe* wegnehmen; *ḍe fu ná ame* jd. plagen, belästigen; *ḍe kúku ná ame* vor jemandem den Hut abnehmen: bitten; *ḍe mɔ́* erlauben; *ḍe nya fía ame* wegnehmen Sache zeigen Menschen: jemandem etwas kundtun
*ḍe ame tó* jd. unterdrücken
*ḍé* hin nach
*ḍé* ein, etwas
*ḍê* Fragepartikel, s. Übung 26
*ḍě* Fragepartikel, s. Übung 26
*ḍě* leitet unwirkliche Bedingung ein
*aḍé* Zunge
*ḍeḍé* allein
*ḍeḍi* Müdigkeit; *ḍ. té ŋúnyè* ich bin müde
*ḍe gbe* brüllen; *ḍe gbe fá̌* bekanntmachen; *dzí le gbe ḍem'* es donnert
*ḍeká* eins; allein
*ḍéke* irgend ein, etwas (in verneinten Sätzen)
*ḍetí* Baumwolle
*ḍeví* Kind, Kleines
*ḍevímè* Kindheit
*ḍevínu* kindische Sache, *wɔ ḍ.* kindisch sein
*ḍéwo* einige
*ḍéwohĩ* vielleicht
*ḍi* begraben
*ḍi* billig sein
*ḍi* reif sein
*ḍi fo* satt sein
*ḍi tsa* spazieren gehen
*ḍi vo* erschrecken
*ḍikeke* Disput, Erörterung, Zweifel
*ḍɔ li* wechseln, austauschen
*ḍɔ́* lecken

*ɖɔ́ kúku* Hut aufsetzen

*ɖó* hinstellen, hingelangen, hin nach; *ɖó ɖá* hin nach, weg; *ɖó xɔ* schlafen gehen; *ɖó ŋkú nú dzí* sich an etwas erinnern; *ɖô kpé nú dzí* etwas beschließen; *ɖó támè* sich vornehmen; *ɖó ta* in einer Richtung gehen; *ɖô tó* aufmerken, gehorchen; *ɖó nya ŋú* auf eine Sache erwidern

*ɖókui* (sich) selbst

*ɖu* beißen, essen, fressen, genießen, ausüben, sein; *ɖu dzi* ärgern; *ɖu-dzí* überwinden, besiegen; regieren

*ɖú ye* tanzen

*ɖuɖɔ* wechseln

*ɖúɖɔ* lecken

*ɖu dzo ame* jmd. bezaubern

*ɖutí* Pulverfäßchen

*e* ihn

*è* du

*é* er sie es

*é* ist es

*fa* e. Ton äußern, zirpen, zwitschern, weinen

*fá* kühl, kalt sein

*afá* Hälfte, halb

*faa* unbehindert

*fe* Zahlung, Schulden

*fé* spielen

*fé* spalten

*feféfe* Spielplatz; *fefénu* Spielzeug

*fenyíla* Schuldner

*fésrè* Fenster

*fésrènúvɔ* Fenstervorhang

*fetɔ́* Gläubiger

*fetú* Lohn

*afî* hier

*fia* Häuptling

*fía* Axt

*fía* zeigen, lehren

*fía fu ame* jmd. Leid antun

*Fíɖa* Freitag

*fie* sieden, kochen (intr.)

*fiẽ* Abend; *le fiẽ me* abends

*fífi*, *fífia* eben jetzt, sofort; *fífi laa* sofort

*afíka* wo? wohin?

*afíma* dort, dorthin

*afísì* dort wo, woselbst

*afísiâfí* überall

*fɔ* aufheben

*fɔ́* aufstehen

*fɔ́* Schuld; *bu fɔ́ ame* jmd. schuldig sprechen

*fɔ̂ fú* schwanger sein

*Fɔ̃* (auch *Fɔ̃́*) Dahome, *Fɔ̃́awo* Leute von Dahome

*afɔ* Fuß

*fofó* Vater

*fu* Plage, Leiden; *fu wɔ mí* wir waren geplagt

*fú* Körperhaar, Flaum, Feder

*fú* Leibesfrucht; *fúnɔ̀* Schwangere

*fú* Leibesfrucht

*fuḍeḍe*, *fuḍenámè* Plage, Plagerei, Quälerei
*futɔ́* Hasser, Feind
*futɔ́nyenye* Feindseligkeit
*fa*, *fã* pflanzen
*fe* Jahr
*fé* Zeichen des Genetivs
*-fé* Ort, nur in Zusammensetzungen
*afé* Gehöft, Heim
*éfe* sein
*aféfì* Hausmaus
*aféxɔ̀* das Haus am Heimatort
*afénɔ̀* Hausfrau, Herrin
*afényà* häusliche, heimische Angelegenheit
*fenyí* Scheintod
*afétɔ* Hausherr, Herr
*fle* kaufen
*fo* Leib
*fo* Guineakorn, Durra, Sorghum
*fo* schlagen; *fo vú* trommeln; *tsi fo wó* Wasser schlug sie: sie wurden naß; *fo abólò* Brot backen; *fo ḍi* schmutzig sein; *fo azi* Eier ausbrüten; *fo asi* handelseins werden; *fo fú* sich versammeln; *éfò wó nú fú* er versammelte sie; *fo xlã́* umringen; *fo nu* sprechen
*foḍiḍi* Sattheit
*fome* Sippe; Familie, Verwandtschaft; *fometɔ́* Glied der Sippe, Familie, Verwandter; *fomeví* Art
*fu* Meer
*fú* Knochen
*fú* trocknen, trocken sein, *fúfu* [trocken
*fú* werfen, schlagen; *fú así akɔ́ ná ámè* für jmd. bürgen
*fú* s. *fo fú*
*fúflu* leer
*ga* Metall, Eisen, Geld
*-ga-* wieder, noch, (nicht) mehr. Es drückt auch den verneinten Imperativ aus
*gã́* groß
*gaké* aber
*gakufé* Eisenbergwerk
*agálầ* Krabbe
*gã́nyenye* Größe
*gasɔ́* Fahrrad
*Gɛ̃* Accra
*gé* herabfallen; *gé ḍé xɔ me* das Haus betreten
*gé* bildet Ingressiv
*geḍee*, *geḍe* viel
*gli* Mauer, Wand
*glí* Märchen
*gló* zuviel werden, über die Kraft gehen
*gɔ̃* denn, eigentlich, sogar, gar
*gódo* die andere Seite, jenseits, gegenüber
*gómè* Teil, Anteil, Richtung
*Agu* Gebirge in Togo, *Aguawó* Bewohner dieses Gebirges

*gba*, *gbă* zerbrechen
*gbá xɔ* Haus decken
*gbắ* zuerst, *gbắtɔ* erster
*agba* Traglast; Mühe; *ézù agba nám̀* es wurde mir lästig
*agbă* Schüssel
*gbadzaa* flach
*agbagbá* Mühe, *dze a.* sich Mühe geben, anstrengen
*agbalẽ* Haut, Papier, Brief, Buch
*agbatsɔ́la* Lastträger
*agbatsɔ́tsɔ* Lastentragen
*gbe* Stimme, Sprache
*gbe* Tag; *gbe ḍeká* eines Tages, *gbesíagbè* täglich
*gbe* pflücken
*gbe* flechten
*gbé* Gras, Kraut, Busch
*gbé* weigern, ablehnen, sich weigern
*agbe* Leben; *agbetɔ́* Lebender; *agbenɔyi* Lebenszeit; *èle agbea* geht es dir gut?
*égbè* heute
*gbefắḍèḍe* Bekanntmachung
*gbefắḍèlá* Verkündiger
*gbéke* Graswurzel
*gbéku* Grassamen
*agbeli* Maniok
*gbémè* der Busch, die Steppe
*gbémèlã* Buschtier
*gbesíagbè* täglich
*gbétsòhó* Gebühr beim Kaufabschluß
*agble* Feld
*gblẽ́* ausgeben, verausgaben, verbrauchen, verderben
*gblẽ́ nú ḍí* etwas verlassen; *gblẽ-ḍé megbé* zurücklassen
*agbledede* Feldbestellung, *agbledelá* Landwirt
*agblefi* Feldmaus
*agblexɔ* Feldhütte
*agblemenú*, *agblemenúku* Feldfrucht
*agblenú* Hacke
*gblɔ* sagen
*gbɔ* Ortschaft (hiesige)
*gbɔ* wiederkommen, herankommen; *égbɔ̀* er ist wieder da, *égbɔ̀na* er kommt
*gbɔ́* Seite, bei, nach, zu
*gbɔ̃́* Ziege
*gbɔ́lo* leer
*agbó* Tor; *agbó nú* vor dem Tor
*gbugbɔ* umkehren, wiederkehren
*gbúgbɔ* saugen
*ye* Tanz, *ḍú ye* tanzen
*ye* Sonne
*yedzefé* Osten
*yemáyì* jene Zeit, zu jener Zeit
*yesíayì* jede Zeit, zu jeder Zeit, immer
*yetóḍofe* Westen
*yeyiyi* Zeit
*yí*, *yíe* weiß
*ylá* (sich) verbergen

*ɣlí* Schrei
*ɣlídodo* das Schreien
*ha* Lied
*há* Gruppe, Gemeinschaft, Gesellschaft; Genosse; *dê (dô) há kplé ame* mit jemandem verkehren
*hȁ* Fragepartikel
*hâ* auch
*aha* Rauschtrank
*háḍe o* noch nicht
*háfi* bevor, ehe
*hakpalá* Liederdichter
*hámè* Gemeinde, *hámètɔ́*, *hámèví* Gemeindeglied
*háti*, *hávi* Genosse, Kamerad, Freund
*Háusatɔ* Haussamann
*he* ein Ausruf
*he* ziehen
*hé-* verbindet zwei Zeitwörter: *éyì héwɔ̀ dɔ́* er ging und tat Arbeit; es steht auch vor einem einzelnen Zw.: *héyì* geh los! *hékpe ḍé éŋuti* außerdem
*he tó ná ámè* jmd. bestrafen
*hlẽ́* zerstreuen, auseinanderstreuen
*Hó* ein Ewestamm
*hótsui*, *hotsúi* Kauri, Geld
*xa* beklagen
*xátsa* sich zusammenrollen
*xe*, *xeví* Vogel
*xé* bezahlen
*xéxemè* die Welt
*xexí* Schirm
*xeví* Vogel
*xlẽ* zählen, lesen; *xexlẽ* das Lesen; *xexlẽgbalẽ* Lesebuch; *xexlẽme* Zahl
*xlɔ̃́* schreien; *xlɔ̃̂ nú ame* jemand ermahnen
*xɔ* Haus, Hütte
*xɔ* entgegennehmen, empfangen, erhalten, bekommen; retten; *xɔ dzo* heiß sein; *xɔ asi* teuer sein; *éxɔ̀m*, *éxɔ̀ nám̀* er half mir, rettete mich; *xɔ nya (dzí) se* eine Sache glauben
*xɔasi* teuer
*xɔxlɔ̃́* das Schreien, Geschrei
*xɔxɔ* Empfang, Rettung, Hilfe
*xɔ́lɔ̀* Freund
*xɔse* Glaube
*xɔtutí* Bauholz
*xɔtutu* Hausbau
*xóxo* alt, schon
*ka* Liane, Faden, Schnur, Seil, Strick
*ka* wer, welcher?
*ka* sich zerstreuen, auseinander gehen, etwas zerstreuen
*ká* sagen, berichten; *ká nya ta* eine Sache berichten, melden; *ká avatsó* lügen
*kába* schnell

*akáḍi*, *akáḍì* Lampe
*kákaka* lange
*kalẽtɔ́* Tapferer
*kásiaa* plötzlich, sobald als
*kátã* alle
*ke*, *kĕ* Sand
*ke nu* den Mund öffnen
*ké* aber; Verstärkungspartikel; *nye ké* gerade ich; *neném̃a ké* genau ebenso
*ke ḍi* disputieren, einen Wortwechsel führen; zweifeln
*ké ḍé nú ŋú* auf etwas stoßen, an etwas gelangen
*keke* breit sein
*kekeme* Breite
*kéma* jener
*ékem*, *ékema* dann
*kéŋŋ* ganz, gänzlich
*kése*, *kesé* Affe, Pavian
*kesinɔnú* Reichtum, *kesinɔtɔ́* Reicher
*kéti* Binse, *kétiba* Binsenmatte
*klɔ́* auswaschen, abwaschen, spülen; *klɔ́ así* die Hände waschen
*klo* Knie
*klo* Schildkröte
*kɔ* Hals
*kɔ* schütten, gießen
*kɔ* hell, klar, sauber, rein sein; *xéxemè kɔ* es ist klares Wetter; *émè kɔ* es ist klar; *kɔkɔé* klar, rein, heilig; *éfe mo kɔ* er kommt zu sich, beruhigt sich
*kɔ́* hoch sein, hochheben; *kɔ́kɔ* hoch
*akɔḍú* Banane
*kɔ́fe* Feldweiler, Dorf
*kɔ́kɔmè* Höhe
*akɔ́ta* Brustkorb
*ko* Mangel; nur
*ko nu* lachen, *ko ame* jemand [auslachen
*kó* kahl sein; *kóko* kahl
*koklô* Huhn; *koklônɔ̀* Henne; *koklôtsú* Hahn; *koklôví* Küken; *koklôzì* Hühnerei
*kokoko* unbedingt
*kotokú* Tasche
*ku* hängen
*ku* graben, schöpfen
*kú* Same, Kern, Korn
*kú* Tod
*kú* sterben
*Kúḍa* Mittwoch
*kúgbè* Todestag
*kúku* tot
*kúku* Hut; *ḍe kúku* bitten
*kusi* durchbohren
*kútsetse* Frucht
*Kwasíḍa* Sonntag
*kpa* schnitzen
*kpa* dichten, erdichten
*ákpa* zu sehr, zuviel
*akpá* Teil, Seite
*kpaa* beschreibt zeitliche Ausdehnung

*Akpáfù* eine Landschaft in Mitteltogo
*kpákple* und, mit
*Kpándò* Name einer Ortschaft
*kpáŋkpaŋ* gänzlich
*kpata, kpatakpata* hastig
*kpáta* begütigen, versöhnen
*kpe* schwer sein, *kpekpe* schwer, *kpekpeme* Schwere, Gewicht
*kpé* Stein
*kpé* treffen, begegnen, zusammenkommen; *kpé ta* sich versammeln; *kpé ḍé ame ŋú*, sich an jd. anschließen, ihn begleiten, ihm helfen; *kpé fu* leiden
*akpé* Dank; *dá a.* danken
*akpé* tausend
*akpédada* das Danken, der Dank
*kpéḍeŋutɔ* Begleiter, Helfer
*akpéfòfo* Händeklatschen
*kpekpéḍeŋu* Begleitung, Hilfe
*kplé* und, mit
*akplẽ* Kornkloß
*kplɔ* führen, geleiten; *kplɔ ame ḍó* jemand begleiten
*akplɔ* Speer
*kplɔ̃* Tisch
*kplɔ̃dzívɔ* Tischtuch
*kplɔlá* Führer
*kpɔ́* sehen, finden, erlangen; *kpɔ́ ame dzí* (oder *ta)* auf jd. achten, sorgen für; *kpɔ́ ame ḍá* jd. ansehen, besuchen; *kpɔ̂ mɔ́* Erlaubnis haben, hoffen; *kpɔ̂ mɔ́ ná* ausschauen nach, hoffen auf
*kpɔ́* jemals
*kpɔ́ti* Barreneisen
*kpó* Buckel, *kpónɔ̀* Buckliger
*kpúi* kurz
*kpúkpo* Stuhl
*lã* Tier, Fleisch
*élàbéna* denn, weil
*alafá* hundert
*lãgbalẽ* Tierfell
*lãkle* Leopard
*alakpa* Falschheit, *alakpanú* unlauteres Tun, *alakpatɔ́* Falscher
*lala* warten
*lãme* Körper
*lẽtà* Brief
*le* ist, sein; *élè ná wó bé* sie müssen
*lé* greifen; *lé dɔ* krank sein, *lé fu* hassen
*àle* so
*alẽ* Schaf
*alégèli, alégelì* Ratte
*áleke* wie?
*álesì* so wie
*li* da sein, vorhanden sein
*-lía* bildet Ordinalzahlen
*lɔ̃* einverstanden sein, wollen, lieben
*alɔ̃* Schlaf

*lɔfo* Gegend, Richtung
*ló* Krokodil
*aló* oder
*lolo* groß, dick sein; *lolome* Umfang, Dicke
*lólo* schmelzen
*lɔ̀o* ein Ausruf
*lu* eine Hirse
*-m* mich
*má* jener, der da
*má* Fragepartikel
*mā́* teilen, verteilen
*amaḍé* jemand
*amaḍéke* irgend jemand (in verneinten Sätzen)
*amágui* Bank
*máhā́* Fragepartikel
*Máxe* Landschaft in Mittel-Dahome
*manyânú* unwissend
*matsimatsi* unerwachsen
*mavɔ* unendlich, ewig
*Máwu, Mâwú* Gott
*me* das Innere
*me* ich
*mé-* nicht
*ame* Mensch, jemand
*ámè* Stück, Exemplar
*amedzró* Fremder
*amegā́* Alter, Ältester, Herr
*megbé* Rücken, hinter, nach, hinten
*amegbetɔ́* Mensch, Menschenkind
*ameka* wer?
*Mémleḍa* Sonnabend
*amésì* der Mensch welcher, der welcher
*amesíamè* jedermann
*mi* ihr, euch
*mí* wir, uns
*ami* Öl, Fett
*mia* pressen, klemmen
*mia, miafé* euer
*mía, míafe* unser
*míawo* wir
*miawó* ihr
*mie* keimen
*amlá* Hacke
*amláḍò* Gouverneur
*mlɔ́* liegen, sich legen
*mɔ́* Weg
*mɔ́ḍèḍe, mɔ́nana* Erlaubnis, Wegzehrung
*mɔ́kpɔkpɔ* Hoffnung
*mɔ́li* Reis
*Mɔ́nɔ̀* der Fluß Mono
*mo* Gesicht
*mu, mũ* umfallen, umstürzen
*-na* Endung der Habitualform
*ná* geben; lassen; *ná ta* nachgeben; sich ergeben
*Anagó* Yoruba
*nákè* Brennholz
*náne* etwas, *náneke* irgend etwas
*nè* du
*né* wenn
*né* daß, damit, auf daß

*né* Nuß
*ene* vier
*ené* so wie
*négbe* außer, ausgenommen
*neném* so, also
*neném a* ebenso
*néniè, nénìe* wieviele?
*nénye (bé)* wenn, falls
*nɔ* sich aufhalten, bleiben, wohnen; *nɔ anyí* vorhanden sein; sich setzen, warten
*nɔ* Mutter, Weibliches
*nɔewó* einander
*nɔfé* Wohnort
*nɔnɔme* Gestalt, Art, Weise, Charakter
*nɔví* Geschwister, Bruder
*no* trinken
*nu* Mund; Ende, Spitze; Inhalt, Wesen
*nú* Ding
*núɖùɖu* Essen, Speise
*núɖùfé* Eßplatz; *núɖùlá* Esser
*núfiala* Lehrer
*núgbe: yi n.* auf eine Reise gehen
*núka* was?
*nukoko* das Lachen
*énumake* alsbald
*numegbe* Mund-in-Stimme: Wort des Mundes, Rede
*núnya* das Wissen
*núnyǎfé* Waschplatz, Wäscherei
*núnyala* Kenner, Wissender, Weiser
*núŋlɔ̀nú* Schreibgerät
*núsì* das was; *núsì ta* weswegen, rel.
*núsiânú* alles, jedes
*nútowo* Umgegend
*nútùfé* Schmiede, *nútùlá* Schmied, *nútùtu* Schmiedekunst
*núwɔ̀ametɔ́* Unglücklicher
*núwɔ̀wɔ* das Tun und Treiben
*núwuwu* Ende, Schluß, Vollendung
*nya* Wort, Sache, Angelegenheit
*nyá* wissen
*nyǎ* verjagen
*nyǎ* kneten, (Kleider) waschen
*nyaɖeɖefía* Kundmachung, Offenbarung
*nyagblɔlá* Redner; *nyagbɔgblɔ* das Reden, die Rede
*nyatefé* Wahrheit, in Wahrheit
*nye* ich, mein
*nyé* sein, jmd. oder etwas sein
*nyi* Rind
*nyí fe* Schulden machen
*anyí* Boden, Erde, nieder
*enyí* acht
*anyíèhe* Norden
*anyígba* Erde, Land
*nyíkɔ* Name einer Trommel; *fo ny. ɖé ame dzí* jmd. zum Femetod verurteilen

*nyíkɔ-kú* Femetod
*nyitsɔ* vorgestern, kürzlich, übermorgen
*nyiví* Kalb
*nyɔ́nù* Frau
*nyɔ́nùví* Mädchen
*nyó* gut, schön sein
*nyra* wütend, wild sein
*nyúi, nyúie* gut, schön
*nyunyɔ* verfaulen, verwesen
*ŋdí* Morgen, morgens; *ŋdí ná wò* guten Morgen!
*ŋe* Rückenlage, *dze ŋe* auf dem Rücken liegen
*ŋgɔ* Vorderseite, vorn, voran, vor
*ŋgɔgbé* vorn, voran
*aŋgbá, aŋgba* Blatt, Kraut
*ŋkeke* Tag
*'ŋkɔ, nyíkɔ* Name; *'ŋ́kɔ le éŋu* er ist berühmt
*'ŋkɔŋu* berühmt
*ŋkú* Auge
*ŋkúnɔ̀* Augenleidender, Blinder
*ŋlɔ* hacken, schreiben
*Aŋlɔ́* ein Ewestamm
*ŋɔ́* durchbohren
*aŋɔ* ein eisenhaltiger Stein
*ŋɔ́dzi* Schrecken
*ŋu* Dorn
*ŋu* = *ŋkú* Auge; *ŋuta* die Gegend über den Augen
*ŋu* Tageslicht; *ŋu ke* der Tag brach an; *ŋu le kekem'* es tagt, *ŋukeke, ŋkeke* Tagesanbruch, Tag
*ŋú, ŋúti* Außenseite, an, wegen, über, inbetreff
*ŋukpe* Scham, Schande; *ŋu kpem* ich schäme mich; *ékpè ŋu nám'* es ist mir eine Schande
*ŋukpenánu* ein Ding, das Schande bringt
*ŋútɔ* selbst, sehr
*ŋútsù* Mann
*ŋútsùví* Knabe
*ŋúvavă* Eifersucht
*o* nicht, nein
*paun* Pfund Sterling
*pesepese* gekräuselt
*asafo* Jungmannschaft
*asafohlí* Feldhauptmann
*sáma* vorladen (vor ein Gericht), anklagen
*Santrokófì* eine Landschaft in Mitteltogo
*se* empfinden, hören, verstehen
*sé* Gesetz
*sẽ́* hart, stark, gesund sein; *sẽ́ ŋú* stark sein, sich anstrengen; *èsẽ́ ŋú lòo* ich danke dir; *sẽ́ ŋuta* grausam sein
*sésẽ* hart, stark, gesund, schwierig sein
*sésĩe* heftig, kräftig, gesund; sehr; *mele s.* es geht mir gut
*si, ésì* der welcher

*ésì-ŋúti*, *ésì-ta* da, weil
*si* anzünden (Lampe)
*sí* weglaufen, fliehen; fließen
*asi* Markt, Preis
*así* Hand
*ésì* dies, das
*ésì*, *ésìme* als
*sia*, *ésìa* dies
*síaa* jeder, irgend ein
*asíèké* neun
*asífuakɔnamèlá* Bürge
*asífufu akɔ́* Bürgschaft
*asitsafé* Handelsort; *asitsalá* Händler; *asitsatsa* Handel
*sɔ* gleich, gleichmäßig, angemessen sein; *sɔ gbe* bereit sein
*sɔ́* Pferd
*sɔgbɔ*, *sɔgbɔ́* zahlreich, viel, genug sein
*sɔ́ha* Jungmannschaft
*sɔ́ŋŋ* lauter, ganz, nichts als
*srẽ* Kaktus
*srɔ̃* Gatte, Gattin
*srɔ̃́* lernen
*súbɔ* dienen
*sukû* Schule, *sukûxɔ̀* Schulhaus; *sukûví* Schulkind
*susɔ* übrig sein
*súsu* denken, meinen
*swɛ́* klein
*ta* Kopf; wegen
*ta avɔ̃* Tuch umschlagen, tragen
*Tádo* Ortschaft am *Mɔ́nɔ̀*
*taɖuame* Kopfweh
*tagbatsú* Fliege
*támè* Kopfinneres; Gipfel, Spitze; *ɖó t.* sich vornehmen, beabsichtigen
*Távi* ein Ewestamm
*te* Jams
*te nú kpɔ́* etwas versuchen; *tetekpɔ́* Versuch, Versuchung
*te nú ame* jd.etwas vorenthalten
*té* Unterseite; unter, unten, *le atí té* unter dem Baum
*té ŋú* können
*tefé* Ort, Stelle; mal
*tegblẽ*, *tɛgblɛ̃* rund, kreisrund
*tete* nachdem, sobald als; dann
*atí* Baum, Holz
*atíglinyi* Elefant
*atíkè* Arznei
*atíkpàfi* Hobel; *atíkpàkplɔ̃* Hobelbank
*atímètsi* Baumsaft
*títiti* die alte Zeit, in alter Zeit
*atítsòtso* das Baumfällen
*tɔ* Eigentum, Besitz
*tɔ* Gewässer
*tɔ* nähen
*tɔ́* Herr, Besitzer, Vater; als Endung: *xɔtɔ́* Hausbesitzer, *lolotɔ́* der große, größte
*atɔ̃́* fünf
*etɔ̃* drei
*tɔgbeé* Art
*tɔ́gbi*, *tɔ́gbe* Großvater, Vorfahr, [Ahn

*tɔkú* Tod im Wasser
*tɔme* Brunnen, Wasserloch
*tɔmelã* Wassertier, Fisch
*tɔsísi* Fluß
*tɔ́tɔ* verwirren
*to* Büffel
*tó* Berg
*tó* Ohr
*tó* Sippe, Sippenteil
*tó* Abgrund
*tó* sagen, berichten
*tó* hindurchgehen; durch; *éto xɔ ŋúti yi* er ging durch des Hauses Außenseite: ging an dem Hause vorüber; *tó gbɔ́ bé* obgleich, *tó gbɔ́* trotzdem
*tóhèhe* Strafe
*tókunɔ̀* Tauber
*tra* sich verirren
*tré* spinnen
*tré* verschmieren, verstopfen, siegeln
*trê* Kürbisschale, Kalebasse
*tri* dick sein
*trɔ́* wenden, sich wenden, umkehren; *trɔ́ zu* werden; *métrɔ nám̀ o* es ist mir unverständlich
*trɔ̃́* Gottheit; *trɔ̃́sì* Priester der Gottheit
*tró* drehen, kräuseln
*tu* umfassen
*tu* stampfen, stoßen, rammen, bauen; *tu wɔ́* Mehl mahlen
*tú* Flinte
*tú ƒe* bezahlen
*tsa* umhergehen, *tsa asi* Handel treiben; *ɖi tsa* spazieren gehen
*tsắ* früher; *tsắtɔwo* die Früheren, Altvorderen
*tsaɖiɖi* Spaziergang; *tsaɖilá* Spaziergänger; *tsaɖifé* Spazierweg
*tsê kú* Frucht tragen; *tsêkú* fruchttragend
*tsi* Wasser
*tsi* wachsen, erwachsen, alt sein
*tsí* bleiben, zurückbleiben
*tsí bome* dumm sein
*tsí tre* aufstehen
*tsikɔ* Durst
*tsikɔwuame* Durst
*tsitsi* alt, erwachsen
*tsɔ́* nehmen, tragen
*etsɔ* gestern, morgen
*tso* abschneiden, fällen, zerreißen, kreuzen
*tso* gründen (eine Ortschaft)
*tsó* herkommen von, aufbrechen von; von, aus
*tsó* ja schon, ja doch
*tsófe* Herkunftsort
*tsró* Rinde, Schale, Schuppe
*atsú*, *-tsú* Männliches
*tsúẽ* spitz
*tsyɔ* tröpfeln, träufeln
*tsyɔ́* (sich) bedecken, sich einhüllen

*vá* kommen; her
*vásede* bis, *v. ésìme* bis daß
*vávă* wirklich, in der Tat
*vê (váè)* her
*vé* schmerzen, weh tun, bitter, scharf, rar, wichtig sein; *vevé* Schmerz
*vé* eine große Eidechse, Waran
*avé* Wald
*eve* zwei
*avémètí* Waldbaum
*Avénò* ein Ewestamm
*véve* schmerzhaft
*vevé* Schmerz
*vévi, vévie* schmerzend, eifrig, tüchtig, wichtig
*ví* Kind, Sohn, Tochter; *víŋutsùví* Sohn, *vínyɔnùví* Tochter
*aví* das Weinen, *fa aví* weinen
*víe, víade* ein wenig
*avífàfa* das Weinen
*vívi* süß, wohlschmeckend sein
*viví* Süße, Wohlgeschmack
*vlódoamè, vlódodo* Verachtung; *vlódola, vlódoamèlá, vlódoamètɔ́* Verächter
*vɔ* enden, zu Ende sein
*vɔ́* verbindet Zehner und Einer der Zahlwörter
*vɔ̃́* fürchten
*vɔ̃́, vɔ̃́di* schlecht, böse
*avɔ̃́, avɔ́* Tuch
*avɔ́tàta* das Tuchumschlagen, Anziehen eines Kleides
*vɔvɔ̃́* Furcht; *vɔvɔ̃́nɔ̀tɔ́* Feigling
*vovo* Muße, freie Zeit
*vovo, vovovo* verschieden
*avṹ* Hund
*vúvu* zerreißen; zerrissen
*vắ ŋú* eifersüchtig, neidisch sein
*ava* Krieg
*ava* Vorhaut; *tso a.* beschneiden
*avagbe* Schlachtfeld
*avako* Habicht
*avatsó* Lüge; *avatsókaka* das Lügen; *avatsókala* Lügner
*avawɔnú* Kriegswaffe
*Eve* Ewe; *Eveme* Eweland, *Evegbe* Ewesprache, *Evea, Evetɔ́* Ewemensch
*vɔ* Riesenschlange
*vɔ, vɔtrú* Tür
*vu* öffnen, offen sein; *vuvu* offen
*vú* Blasebalg
*vú* Trommel
*vuu* beschreibt große Entfernung, lange Zeit
*wɔ* machen, tun; *wɔ dɔ́* Arbeit tun, arbeiten, Wirkung ausüben, Eindruck machen
*wɔ́* Mehl
*wɔdɔ́* arbeitsam
*wò* du, dich, dein
*wò* er sie es

*wó* sie Mz., ihre Mz.
*ewó* zehn
*wóawo* sie Mz.
*wófe* ihr Mz. (their)
*wu* töten, schlachten
*wú* übertreffen, mehr sein als, mehr als; *wû nú* vollenden
*awu* Kleid
*wuame* tötlich
*awudódo* das Kleideranziehen, Anzug
*éya*, *éyà* er sie es, der
*éyaŋuti*, *éyata* deswegen, deshalb
*Yáwòɖá* Donnerstag
*ye* ‚ich', s. Übung 25
*éye* und, verbindet Sätze
*yevú* Europäer, Weißer
*yevúhà* europäischer Alkohol
*yi* gehen; *yi tɔ dzí* aufs Wasser, zum Fischen gehen
*ayi* Bohne
*ayí* Haut
*yibɔɔ* schwarz
*yɔ vú* den Blasebalg drücken
*yɔ́* rufen
*yómè* hinterher; *élè wó y.* er ist hinter ihnen her; *dze* (oder *nɔ) ame y.* jemandem folgen
*yómèdzedze* Nachfolge; *yómèdzelá* Nachfolger
*zǎ* Nacht; *zǎ dó* es war (ist) Nacht; *zǎ le dodóm* es wird Nacht
*zi kpí* schweigen
*zi* Mal: *zi eve* zwei Mal
*azi* Ei
*azí* Erdnuß
*zɔ* gehen, fahren, reisen
*ázɔ* nunmehr, jetzt
*zɔzɔme* Lebensweise, Lebenswandel
*zu* werden

## II. Deutsch-Ewe

abbrechen *ŋé*, *ká*
Abend *fiẽ*
aber *gaké*, *ké*
Abgrund *tó*, *abu*
ablehnen *gbé*
abschneiden *tso*
abwaschen *klɔ́*
Accra *Gẽ*
acht *enyí*
achten *bu*
Affe *kése*, *kesé*
Affenbrotbaum *adidó*
Ahn *tɔ́gbi*
Alkohol *aha*

alle *kátã*
allein *ɖeɖé, ɖeká, ko*
alles *núsiânú*
als *ésì, ésìme*
alsbald *énumake*
also *neném*
alt *xóxo, tsitsi;* alt sein *tsi;* in alter Zeit *títiti*
Alter, Ältester *amegã́*
Altvorderen, die *tsã́tɔwo*
an *ŋú, ŋúti, tó*
anderer *búbŭ*
Anfang *gɔmedzedze*
anfangen *dé así — me, dze gɔme*
Angelegenheit *nya*
angemessen sein *sɔ*
anklagen *sáma, tso ame nu*
annehmen *xɔ*
Anteil *gómè*
Antwort *ŋúɖoɖo;* antworten, jemandem auf etwas *ɖó nya ŋú ná ame*
anziehen (Kleid) *dó (awu)*
Anzug *awudódo*
anzünden *dó dzo, si dzo*
Arbeit *dɔ́, dɔ́wɔ̀wɔ;* arbeiten *wɔ dɔ́;* Arbeiter *dɔ́wɔ̀lá*
arbeitsam *wɔdɔ́*
Arbeitsgerät *dɔ́wɔ̀nú*
Arbeitsplatz *dɔ́wɔ̀fé*
Ärger *dɔmevéve, dɔmevéamè*
ärgerlich sein *dɔme vé*
ärgern (sich) *ɖu dzi, dɔme vé*

Arm *abɔ́*
arm *dáhè;* Armer *ame dáhè, ahedála*
Armut *ahedáda*
Art *fomeví, tɔgbeé, nɔnɔme*
Arznei *atíkè*
auch *hã́*
auf *dzí*
aufbewahren *dzra-ɖó*
aufgehen (Gestirn) *dze*
aufhalten, sich *nɔ, nɔ anyí*
aufheben *fɔ*
aufhören *dzudzɔ*
aufmerken *ɖô tó*
aufsetzen, Hut *ɖɔ́ kúku*
aufstehen *fɔ́, tsí tre*
Auge *ŋkú, ŋu*
aus *tsó*
auseinandergehen *ka*
ausgeben *gblẽ́*
ausgenommen, außer *négbe*
auslachen, jd. *ko ame*
ausschauen nach *kpɔ̂ mɔ́ ná*
Außenseite *ŋú, ŋúti*
ausstrecken *dó*
ausüben, ein Amt *ɖu*
auswaschen *klɔ́*
Axt *fía*

backen, Brot *fo abólò*
Banane *akɔɖú*
Bank *amágui*
Barreneisen *aɖabá, kpɔ́ti*
Bauch *dɔ, dɔme, fo, fodo*

bauen *tu*
Bauholz *xɔtutí*
Baum *atí*
Baumfällen *atítsòtso*
Baumsaft *atímètsi*
Baumwolle *ɖetí;* ~ staude *ɖetíti;* ~ kern *ɖetíku;* ~ faser *ɖetífu;* ~ farm *ɖetígblè*
beabsichtigen *ɖó támè*
beaufsichtigen *kpɔ́-dzí*
bedecken *tsyɔ́*
begegnen *kpé*
begleiten *kpé ɖé-ŋú, kplɔ*
Begleiter *kpéɖeŋutɔ*
begraben *ɖi*
begütigen *kpáta*
bei *gbɔ́, ŋú, ŋúti*
beißen *ɖu*
bekanntmachen *ɖe gbe fã́*
Bekanntmachung *gbefã́ɖèɖe*
beklagen *xa*
belästigen *ɖe fu ná*
bemerken *dze si*
berechnen *bu*
bereit sein *sɔ gbe*
Berg *tó*
berichten, etwas *ká nya ta, tó nya*
berühmt; er ist ~ *'ŋkɔ le éŋu, éxɔ̀ 'ŋkɔ*
beschließen *ɖô kpé-dzí, ɖó támè*
Beschluß *tameɖóɖo*
Beschmutzung *ɖifofo*
beschneiden *tso ava*

besiegen *ɖu-dzí*
Besitz *tɔ*
Besitzer *tɔ́*
bestellen, Feld *de agble*
bestrafen *he tó ná*
beten *dó gbe ɖá*
betreten, ein Haus *gé ɖé xɔ me*
Bett *abá, abǎ, abáti*
bevor *háfi*
bezahlen *xé*
bezaubern *ɖu dzo ame*
Bezauberung *dzoɖuɖu*
billig sein *ɖi*
binden *blá*
Binse *kéti;* Binsenmatte *kétiba*
bis *váseɖe;* bis daß *v. ésìme*
Bitte *kúkuɖèɖe;* bitten *ɖe kúku, bía*
bitter sein *vé*
Blasebalg *vú*
Blatt *aŋgba*
bleiben *tsí, nɔ*
Blinder *ŋkúnɔ̀*
Boden *anyí*
Bogen, Schieß- *da, datí*
Bohne *ayi*
böse *vɔ̃́, vɔ̃́ɖi*
breit sein *keke;* Breite *kekeme*
brennen *bi*
Brennholz *nákè*
Brief *agbalẽ, lɛ́tà*
Brot *abólò*
Bruder *nɔví*
brüllen *ɖe gbe*

Brunnen *tɔme, vúdo*
Brustkorb *akɔ́ta*
brüten, Ei *fo azi*
Buch *agbalẽ, wómà*
Buckel *kpó;* Buckliger *kpónɔ̀*
bücken, sich *bɔbɔ*
Büffel *to*
Bürge *asífuakɔnamèlá*
bürgen *fú así akɔ́*
Bürgschaft *asífufu akɔ́*
Busch *gbé, gbémè*
Buschtier *gbémèlã*

da *afíma*
Dahome *Fɔ̃́*
damals *ɣemáɣì*
damit *bé, béna, né*
Dank *akpé, akpédada;* danken *dá akpé*
danke! *dɔ́nɔ̀, èwɔ̀ dɔ́, èsẽ́ ŋú*
dann *ékem, ékema, tete*
das *ésì*
daß *bé, béna, né*
decken, Haus *gbá xɔ*
dein *wò*
denken *bu, súsu*
denn *élàbéna;* (wie denn) *gɔ̃*
der da *má, kéma*
der welcher *amésì*
deswegen, deshalb *éyata, éyaŋuti*
dich *wò*
dichten *kpa*
dick *lolo, titri;* ~ sein *lolo, tri*
Dicke *lolome, titrime*
dienen *súbɔ;* Diener *súbɔla;* Dienst *subɔsúbɔ*
Dienstag *Bráɖa*
dies *sia, ésìa*
Ding *nú*
Disput *ɖikeke;* disputieren *ke ɖi*
Dolch *adekpui*
donnern *dzí ɖe gbe*
Donnerstag *Yáwòɖá*
Dorn *ŋu*
dort *afíma;* dorther *tsó afíma;* dorthin *afíma*
dort wo *afísì*
drehen *tró, trɔ́*
drei *etɔ̃*
drücken *yɔ, mía*
du *è, nè, wò*
dumm sein *tsí bome*
Dummer *bometsíla;* Dummheit *bometsítsi*
durch *tó*
durchbohren *ŋɔ́, kusi*
Durra *fo*
Durst *tsikɔ*

eben sein *sɔ*
ebenfalls *hâ*
ebenso *nenéma*
ehe *háfi*
ehren *bu*
Ei *azi*
Eidechse, große *vé*

Eifersucht *ŋúvavã*
eifersüchtig sein *vắ ŋú*
eigentlich *gɔ̃, góbii*
Eigentum *tɔ*
ein *ɖé, ɖeká*
einander *nɔewó*
einhüllen *tsyɔ́*
einige *ɖéwo*
einstecken *dó*
einverstanden sein *lɔ̃*
Eisen *ga, ga yibɔɔ*
Eisenbergwerk *gakufé*
Eisenstein *aŋɔ, bitsabí*
Elefant *atíglinyi*
Eltern *dziláwo*
Empfang *xɔxɔ*
empfangen *xɔ*
empfinden *se*
Ende *nu, núwuwu*
enden *vɔ, wû nú*
Entfernung *didime*
entgegennehmen *xɔ*
entstehen *dzɔ*
er *é, wò, éya, éyà*
Erde *anyí, anyígba*
Erdnuß *azí*
ereignen, sich *dzɔ*
ergeben, sich *ná ta*
erhalten *xɔ, kpɔ́*
erinnern, sich an etwas *ɖó ŋkú nú dzí;* Erinnerung *ŋkúɖoɖo*
erkennen *dze si*
erlangen *kpɔ́, xɔ*
erlassen = schenken *ke*
erlauben *ɖe mɔ́, nâ mɔ́;* Erlaubnis *mɔ́ɖèɖe, mɔ́nana*
Erlaubnis haben *kpɔ̂ mɔ́;* ~ geben *ɖe mɔ́, nâ mɔ́*
ermahnen, jemand *xlɔ̃ nú ame*
Ermahnung *núxɔxlɔ̃*
Erörterung *ɖikeke*
Erregung *adã*
erreichen *de*
erscheinen *dze, do*
erschrecken *ɖi vo, dzî ŋɔ́*
erster *gbắtɔ*
erwachsen *tsitsi;* ~ sein *tsi*
Erwachsener *ame tsitsi*
erwidern *ɖó-ŋú;* Erwiderung *ŋúɖoɖo*
erzählen *tó*
erzeugen *dzi*
Erzeuger *dzilá*
essen *ɖu*
Essen *núɖùɖu*
euch *mi, miawó*
euer *mia, miafé*
Europa *Ablotsí*
Europäer *yevú, Ablotsítɔ*
etwas *náne*
Ewe *Eve*
ewig *mavɔ*
Exemplar *ámè*

Faden *ka*
Fahrrad *gasɔ́*
fallen, herab~ *gé, dzɔ́,* um~ *dze anyí*

fällen *tso*
Falscher *alakpatɔ́*
Falschheit *alakpa*
Familie *fome*
Farm *agble*
Feder *fú*
Feigling *vɔvɔ̃́nɔ̀tɔ́*
Feind *futɔ́*
Feindschaft, Feindseligkeit *futɔ́nyenye*
Feld *agble*
Feldbestellung *agbledede*
Feldfrucht *agblemenú*
Feldhauptmann *asafohlí*
Feldhaus *agblexɔ*
Feldmaus *agblefi*
Feldweiler *kɔ́fe, agblekɔ́fe*
Fell *agbalẽ*
Femetod *nyíkɔ-kú*
Fenster *fésrè;* ~ vorhang *fésrènúvɔ*
Ferne *didifé*
Fett *ami*
Feuer *dzo*
finden *kpɔ́, fɔ*
Fisch *tɔmelã*
fischen *yi tɔ dzí, ɖe tɔmelã*
flach *gbadzaa*
Flaum *fú*
flechten *gbe, gbĩ*
Fleisch *lã*
Fliege *tagbatsú*
fliegen *dzo*
fliegend *dzodzoé*
fliehen *sí*
fließen *sí*
Flinte *tú*
Fluß *tɔsísi*
folgen *dze-yómè*
Frage *biabía*
fragen *bía*
Fragepartikel *ɖê, ɖě*
Frau *nyɔ́nù*
Freitag *Fíɖa*
Fremder *amedzró*
fressen *ɖu*
Freude *dzidzɔ*
Freund *háti, hávi, xɔ́lɔ̀*, mein ~ *xɔ̃́nyè*
Frucht *kútsetse*, ~ tragen *tsê kú*
früher *tsã́*
führen *kplɔ*
fünf *atɔ̃́*
Furcht *vɔvɔ̃́*
fürchten *vɔ̃́*
Fuß *afɔ*

ganz *blíbò, blíbo*
gänzlich *kpáŋkpaŋ, kéŋŋ, sɔ́ŋŋ*
gar *gɔ̃*
gar sein *bí*
Garten *abɔ́*
Gatte, Gattin *srɔ̃*
gebären *dzi*
Gebärerin *dzilá, vídzìlá*
geboren werden *dzɔ*
gebühren, sich *dze*
Gegend *lɔfo*

gegenüber *gódo*
gehen *yi, zɔ;* in einer Richtung ~ *ɖó ta*
Gehöft *afé*
gehören, jdm. *nyé ame tɔ*
gehorchen *ɖôtó*
Gehorsam *tóɖoɖo*
gekräuselt *pesepese*
Geld *ga, hó, hotsúi*
geleiten *kplɔ*
Gemeinde *hámè*
Gemeindeglied *hámètɔ́, hámèví*
Gemeinschaft *há, hámè*
Genosse *háti, hávi*
genug (sein) *sɔgbɔ*
gerade *dzɔdzɔé;* ~ sein *dzɔ*
geraten, in eine Lage *dze*
gerecht *dzɔdzɔé*
geschehen *dzɔ*
Geschwister *nɔví*
Gesellschaft *há, hámè*
Gesetz *sé;* ~ erlassen *dê sé*
Gesicht *mo*
Gestalt *nɔnɔme*
gestern *etsɔ*
gesund sein *sésẽ, le sésĩe*
Gewässer *tɔ*
Gewicht *kpekpeme*
gießen *kɔ*
Gipfel *támè*
Glaube *xɔse*
glauben *xɔ-dzí se*
Gläubiger (= Kreditor) *ƒetɔ́;* (=Glaubender) *xɔsetɔ́*



gleich sein *sɔ*
Gott *Máwu, Mâwú*
Gottheit *trɔ̃́*
Gouverneur *amláɖò*
graben *ku*
Gras *gbé;* ~ zum Hausdecken *be*
Grassamen *gbéku*
Graswurzel *gbéke*
grausam sein *sẽ́ ŋuta*
greifen *lé*
groß *gã́, lolo*
Größe *gã́nyenye, lolome*
Großvater *tɔ́gbi*
gründen *tso*
Gruppe *há*
grüßen *dó gbe*
Guineakorn *fo*
gut *nyúi,* ~ sein *nyó*
gutartig sein *nyó dɔme*

Haar *ɖa, ƒú*
Habicht *avako*
Hacke *agblenú, amlá*
hacken *ŋlɔ*
halb *aƒã́*
Hälfte *aƒã́*
Hals *kɔ*
Hand *así*
Handel *asitsatsa*
handeln *tsa asi*
handelseins werden *fo asi*
Handelsort *asitsafé*
Händler *asitsalá*

hängen *ku*
hart *sésẽ*, ~ sein *sɛ̃́*, *sésẽ*
Haß *fuléle*
hassen, jd. *lé fu ame*
Hasser *futɔ́*
hastig *kpata*
Häuptling *fia*
Haus *xɔ*, *afé;* im Hause *le xɔ me*, zu Hause *le afé me*
Hausbau *xɔtutu*
Hausfrau *afénɔ̀*
Hausherr *afétɔ*
Hausmaus *aféfì*
Haussamann *Háusatɔ*, *Awísatɔ*
Haut *agbalẽ*, *ayi*
heilig *kɔkɔé*
Heim *afé*
Heimat *dé*, *dényigba*
heiß sein *xɔ dzo*
helfen *kpé ɖé-ŋú*, *xɔ ná*
Helfer *kpéɖeŋutɔ*, *xɔnámètɔ́*
hell *kɔkɔé*, ~ sein *kɔ*
Helligkeit *kɔkɔ*
her *vá*, *vɛ̂*, *ɖá*
herabfallen *gé*, *dzɔ́*
herkommen von *tsó*
Herkunftsort *tsófe*
Herr *afétɔ*, *amegã́*, *tɔ́*
Herrin *afénɔ̀*
herrichten *dzra-ɖó*
Herrschaft *dzíɖùɖu*
Herrschaftsbereich *dzíɖùfé*
Herrscher *dzíɖùlá*
Herz *dzi*

heute *égbè*
hier *afî*, *afísìa*
Hilfe *xɔxɔ*, *kpekpéɖeŋu*
hin *yi*, *ɖá*
hinan-, hineintun *dó*, *dé*
hindurchgehen *tó*
hinausgehen *do gó*
hineintun *dé*
hingelangen *de*, *ɖó*
hinstellen *ɖó*
hinten, hinter *megbé*
hinterher *yómè*
Hirse *lu*
Hitze *dzoxɔxɔ*
Hobel *atíkpàfi*
Hobelbank *atíkpàkplɔ̃*
hobeln *kpa atí*
hoch *kɔ́kɔ*, ~ sein *kɔ́*
hoffen *kpɔ̂ mɔ́*
Hoffnung *mɔ́kpɔkpɔ*
Höhe *kɔ́kɔmè*
Holz *atí*
hören *se*
Huhn *koklô*
Hund *avṹ*
hundert *alafá*
Hunger *dɔwuame*
Hut *kúku*
Hütte *xɔ*, *xɔví*

ich *me*, *nye*
ihr, Mz. *mi*, *miawó*
ihr (their) *wófe*
immer *γesíaγì*

in *me*
inbetreff *ŋú*, *ŋúti*
Innenseite *me*
irgend ein *ɖéke*, *síaa*
irgend etwas *ɖéke*, *náneke*
irgend jemand *amaɖéke*

ja doch *tsó*
Jagd *ade*, *adedada*
jagen *da ade*
Jäger *adelá*, *adedalá*
Jagdgerät *adedanú*
Jahr *fe*
Jams *te*
jeder *síaa*
jedermann *amesíamè*
jedes *núsiânú*
jemals *kpɔ́*
jemand *amaɖé*, *ame*
jener *kéma*, *má*
jenseits *gódo*
jetzt *fífi*, *fífia*
Jungmannschaft *sɔ́ha*, *asafo*

kahl *kóko*, ~ sein *kó*
Kaktus *srẽ*
Kalb *nyiví*
Kalebasse *trê*
kalt *fáfa*, *fáfɛ*
kalt sein *fá;* es ist kalt *avuvɔ́ le wɔwɔm'*
Kälte *avuvɔ́*
Kamerad *háti*, *hávi*
Kasten *aɖákà*
Katze *dadǐ*
kaufen *fle;* Flüssigkeiten ~ *dze*
Käufer *núflèlá*
Kauri *hó*, *hotsúi*
keimen *mie*
Kenner *núnyala*
Kern *kú*
Kind *ɖeví*, *ví*
Kindheit *ɖevímè*
kindisch sein *wɔ ɖevínu*
Kiste *aɖákà*
klar *kɔkɔé*, ~ sein *kɔ*
Kleid *awu*
klein *swɛ́*
klemmen *mía*
Knabe *ŋútsùví*
kneten *nyã*
Knie *klo*
Knochen *fú*
Koch *núɖàlá*
kochen *ɖa*, intr. *fie*
kommen *vá*, *gbɔ*
kommen, zu sich *mo kɔ*
können *té ŋú*
Können *ŋútete*
Kopf *ta*
Kopfhaar *ɖa*, *taɖa*
Kopfweh *taɖuame*
Korn *kú*
Kornkloß *akplẽ*
Körper *lãme*, *ŋútilã̀*
Körperhaar *fú*
Krabbe *agálã̀*
krank sein *lé dɔ*
Krankenhaus *dɔxɔ*

Kranker *dɔléla, dɔnɔ*
Krankheit *dɔ, dɔléle*
kräuseln *tró*
Kraut *gbé, aŋgba*
kreuzen *tso*
Krieg *ava*
Krieger *avawɔlá*
Kriegführung *avawɔwɔ*
Krokodil *ló*
kühl *fáfa, fáfɛ*
kühl sein *fá*
Kundmachung *nyaɖeɖefía*
kundtun *ɖe-fía*
Kürbisschale *trê*
kurz *kpúi*
kürzlich *nyitsɔ*

lachen *ko nu*
Lampe *akáɖi*
Land *anyígba*
lang sein *didi*
lange *kpaa, kákaka*
Länge *didime*
langsam *blewu*
Last *agba*
Lasttragen *agbatsɔ́tsɔ*
Lastträger *agbatsɔ́la*
Lauf *du*
laufen *fú du*
Leben *agbe*
Lebender *agbetɔ́*
lebendig sein *le agbe*
Lebensweise *zɔzɔme*
Lebenszeit *agbenɔγi*

lecken tr. *ɖúɖɔ, ɖɔ́*
leer *fúflu, gbɔ́lo*
legen, sich *mlɔ́*
lehren, jemand etwas *fía nú ame*
Lehrer *núfiala*
Leib *fo, fodo, fome, dɔ, dɔme*
Leibesfrucht *fú*
Leiden *fu, fukpékpe*
leiden *kpé fu*
Leopard *lãkle*
lernen *srɔ̃*
Lesebuch *xexlẽgbalẽ*
lesen *xlẽ*
Liane *ka*
lieben *lɔ̃*
lieber *boŋ'*
Lied *ha, hadzidzi*
Liederbuch *hadzigbalẽ*
Liederdichter *hakpalá*
liegen *mlɔ́*
Lohn *fetú;* ~ zahlen *tú fe, xé fe*
Löwe *dzatá*
Lüge *avatsó, avatsókaka*
lügen *ká avatsó*
Lügner *avatsókala*

machen *wɔ*
Mädchen *nyɔ́nùví*
mahlen *tu*
Mais *blî, blí*
Mal *zi,* mal *tefé*
Mangel *ko*

Maniok *agbeli*
Mann *ŋútsù*
Männliches *atsú*, *-tsú*
Märchen *glí*
Markt *asi*
Matte *abá*, *abǎ*
Mauer *gli*
Meer *fu*
Mehl *wɔ́*
mehr sein als *wú;* (nicht) mehr *-ga-*
mein *nye*
meinen *bu*, *súsu*
melden, etwas *ká nya ta*
Mensch *ame*
Menschenkind *amegbetɔ́*
Metall *ga*
mich *-m*
Mißerfolg haben *dó kpo*
mit *kplé*, *kpákple*
Mittwoch *Kúḍa*
Montag *Dzóḍa*
Morgen *ŋdí*
morgen *etsɔ*
morgens *le ŋdí me*
müde sein *ḍeḍi te-ŋú*
Müdigkeit *ḍeḍi*
Mühe *dɔ́*, *agbagbá*, s. M. geben *dze a.*
Mund *nu*
müssen: ich muß gehen *élè nám' bé máyì*
Muße *vovo*
Mutter *dadá*, *nɔ*

nachdem *tete*
nachher *émègbé*
Nacht *zã́*
nachgeben *ná ta*
nähen *tɔ*
Name *'ŋkɔ*, *nyíkɔ*
naß *fotsi*, *wɔtsi;* wir waren ∼ *tsi fo mí*
nehmen *tsɔ́*, *ḍe*, *xɔ*
neidisch sein *vã́ ŋú*
nein *o*
neun *asíèké*
nicht *mé — o*
nieder *anyí*
niedrig sein *bɔbɔ*
noch *-ga-*
noch nicht *háḍe o*
Norden *anyíèhe*
nötig sein s. müssen
nunmehr *ázɔ*
nur *ko*

oben *dzí*
Oberarm *abɔ́*
Oberseite *dzí*
obgleich *tó gbɔ́ bé*
oder *aló*
offen *vuvu*, ∼ sein *vu;* öffnen *vu;* Mund ∼ *ke nu*
Offenbarung *nyaḍeḍefía*
oft *édziedzi*
Ohr *tó*
Öl *ami*
Ölpalme *dé*, *déti*

Ort *tefé, nɔfé*
Ortschaft *du;* hiesige ~ *gbɔ, gbɔdo*
Osten *γedzefé*

packen (ein-) *blá*
Palme *déti*
Palmkern *déku*
Palmnuß *dénɛ*
Palmöl *ami, démì, némì*
Palmwein *déhà*
Papier *agbalẽ*
Pavian *kése, kesé*
Pferd *sɔ́*
pflanzen *dó, fa*
pflücken *gbe*
Plage *fu, fuḍeḍe, fuḍenámè*
plagen, jd. *ḍe fu ná ame*
Plagerei *fuḍeḍe, fuḍenámè*
plötzlich *kásiaa*
Preis *asi, asixɔxɔ*
pressen *mía*
Priester *trɔ̃sì*
Pulver *ḍu*
Pulverfäßchen *ḍutí*

quälen, jd. *ḍe fu ná ame, wɔ fu ame*
Quälerei *fuḍenámè, fuwɔame*

Rat *aḍaŋu*
raten *ḍó aḍaŋu*
Ratte *alégelì*
Rauschtrank *aha*
rechnen *bu, bu akɔ́ntà*
recht, richtig sein *dzɔ*
Rede *nyagbɔgblɔ*
reden *gblɔ nya, fo nu*
Redner *nyagblɔlá*
regieren *ḍu dzí*
Regierung *dzíḍùḍu*
Regen *tsidzadza*
regnen: es regnet *tsi le dzadzam'*; es hat geregnet *tsi dza*
Reicher *kesinɔtɔ́*
Reichtum *kesinɔnú*
reif *ḍiḍi*
reif sein *ḍi*
Reife *ḍiḍi*
rein sein *kɔ*
Reis *mɔ́li*
Reise *zɔzɔ, mɔ́zɔ̀zɔ*
reisen *zɔ mɔ́, yi núgbe*
Reisender *mɔ́zɔ̀lá*
retten, jd. *ḍe ame, xɔ ná ame*
Retter *xɔlá, ḍelá*
Rettung *xɔxɔ*
richtig *dzɔdzɔé*
richtig sein *dzɔ, sɔ*
Richtung *gómè, lɔfo, taḍófe*
Riesenschlange *vɔ*
Rind *nyi*
Rinde *tsró*
rot *dzẽ́*
Rücken *megbé;* auf dem ~ liegen *dze ŋe*
Rückenlage *ŋe, ŋedzedze*
rufen *yɔ́*

ruhen *dzudzɔ*
rund *tegblẽ, tɛgblɛ̃*

Sache *nya, nú*
sagen *bé, béna, gblɔ, ká, tó*
Salz *dze*
Same *kú*
Sand *ke, kĕ*
satt sein *ɖi fo*
Satter *foɖilá*
Sattheit, Sättigung *foɖiɖi*
sättigen *ɖi fo ná*
saugen *gbúgbɔ*
Schaf *alẽ́*
Scham *ŋukpe*
schämen, sich *kpe ŋu;* ich schäme mich dessen *ékpè ŋu nám̀*
Schande *ŋukpe*
scharf *ɖáɖɛ;* ~ sein *ɖá*
Scheintod *fenyí*
schicken *dɔ́, ɖó*
schießen *da tú*
Schildkröte *klo*
Schimpf *dzudzu, dzu*
schimpfen *dzu*
Schirm *xexí*
Schlacht *ava*
schlachten *wu, tso (lã)*
Schlachtfeld *avagbé*
Schlaf *alɔ̃, alɔ̃dɔ́dɔ*
schlafen *dɔ́, dɔ́ alɔ̃*
schlafen gehen *ɖó xɔ*
Schläfer *alɔ̃dɔ́la*
schlagen *fú*
Schlange *da*
schlecht *baɖabaɖa, vɔ̃́, vɔ̃́ɖi*
Schluß *núwuwu, vɔvɔ*
schmelzen *lólo*
Schmerz *vevé*
schmerzen *vé*
schmerzhaft *véve*
Schmied *nútùlá*
Schmiede *nútùfé*
schmieden *tu nú*
schmutzig sein *fo ɖĭ*
schnell *kába, ɖablá;* ~ sein *ɖe ablá*
Schnelligkeit *ablá, abláɖèɖe*
schnitzen *kpa*
Schnur *ka*
schon *xóxo*
schön *nyúi,* ~ sein *nyó*
schöpfen *ku*
Schrecken *ŋɔ́dzi*
Schrei *γlí, γlídodo*
schreiben *ŋlɔ*
Schreibgerät *núŋlɔ̀nú*
schreien *dô γlí, xlɔ̃́*
Schulden *fe;* ~ haben *nyí fe*
schuldig werden *bɔ busú;* schuldig sprechen *bu fɔ́*
Schuldner *fenyíla*
Schule *sukû*
Schüler *sukûví*
Schulhaus *sukûxɔ̀*
Schuppe *tsró*
Schüssel *agbă*

schütten *kɔ*
schwanger sein *fɔ̂ fú*
Schwangere *fúnɔ̀*
Schwangerschaft *fúfɔfɔ*
schwarz *yibɔɔ*
schweigen *zi kpí*
Schweiß *adé*
schwer *kpekpe*
schwer sein *kpe*
Schwerarbeiter *dɔ́nɔ̀*
Schwere *kpekpeme*
schwierig sein *sésẽ, vé*
sechs *adé*
See, die *fu*, der *tá, tǎ*
sehen *kpɔ́*
sehr *ŋútɔ*
Seife *adzalẽ*
Seil *ka*
sein (his) *éfe*
sein *le, li, nyé, ɖi*
Seite *gbɔ́, axa, axǎ, akpá*
selbst, refl. *ɖókui;* verstärkend *ŋútɔ*
setzen, sich *nɔ anyí, bɔbɔ nɔ anyí*
sicher *dédie*
sie Mz. *wó, wóawo*
sieben (Zahl) *adré, ádre*
sieden *ɖa*, (intr.) *fie*
Sieg *dzíɖùɖu*
siegen *ɖu dzí*
Sieger *dzíɖùlá*
singen *dzi ha*
Sippe *fome, tó, kɔ́, kɔ́mè, hlɔ̃*
so *ále, neném*
so wie *ábe-ené*
so wie *álesì*
sobald als *kásiaa, tete*
soeben *fífi, fífia*
sofort *énumake, fífi, fífia, fífi laa*
sogar *gɔ̃*
Sohn *ví, víŋutsùví*
sondern *ké boŋ'*
Sonnabend *Mémleɖa*
Sonne *ɣe*
Sonntag *Kwasíɖa*
sorgen, für jd. *kpɔ́ ame ta*
Sorghum *fo*
spalten *fé*
spazieren gehen *ɖi tsa*
Spaziergang *tsaɖiɖi*
Spaziergänger *tsaɖilá*
Spazierweg *tsaɖifé, tsaɖimɔ́*
Speer *akplɔ*
Speise *núɖùɖu*
Spiel *fefé*
spielen *fé*
Spielplatz *feféfe*
Spielzeug *fefénu*
spinnen *tré*
spitz *tsúẽ*
Spitze *nu, támè*
Sprache *gbe*
sprechen *fo nu, gblɔ nya*
Sprecher *nyagblɔlá, tsiámè*
spülen *klɔ́*
Stachelschwein *dzrídza*

Stadt *du*
Stadtbewohner *duametɔ́*
Stamm (Volks-) *du*
stampfen *tu*
stark *sésẽ*, ~ sein *sɛ̃́*, *sésẽ*
starren Blickes *dũũ*
Stein *kpé*
Stelle *tefé*
Steppe *gbémè*, *gbédzi*, *dzogbe*
sterben *kú*
Stimme *gbe*
stoßen *tu;* auf etwas ~ *ké ɖé nú ŋú*
Strafe *tóhèhe*
strafen, jd. *he tó ná ame*
Streit *dzre*, *dzrewɔwɔ*
streiten *wɔ dzre*
streuen *ka*, *hlɛ̃́*, *wú*
Strick *ka*
Stuhl *kpúkpo*, *ablegɔ́*
stürzen *mu*, *mũ*
Süden *dzíehè*
Suppe *détsì*
süß (sein) *vívi*
Süße *viví*

Tag *ŋkeke*, *gbe*
tagen *ŋu ke*
Tagesanbruch *ŋukeke*, *ŋkeke*
Tageslicht *ŋu*
täglich *gbesíagbè*
Tanz *ye*, *yeɖúɖu*
tanzen *ɖú ye*
Tänzer *yeɖúla*
Tanzplatz *yeɖúfe*
Tapferer *kalẽtɔ́*
Tasche *kotokú*
Tauber *tókunɔ̀*
tauschen *ɖɔ li*
tausend *akpé*
Teil *gómè*, *akpá*
teilen *mã́*
teuer sein *xɔ asi*
Tier *lã*
Tierfell *lãgbalẽ*
Tisch *kplɔ̃*
Tischtuch *kplɔ̃dzívɔ*
Tochter *ví*, *vínyɔnùví*
Tod *kú*
Todestag *kúgbè*
Tor, das *agbó*
Tor, der *bometsíla*
tot *kúku*
töten *wu*
tötlich *wuame*
tragen *tsɔ́*
Traglast *agba*
träufeln *tsyɔ*
treffen *kpé*
trinken *no*
trocken *fúfu*
trocknen *fú*
Trommel *vú*
trommeln *fo vú*
Trommler *vúfòlá*
tröpfeln *tsyɔ*, *dza*
trotzdem *tó gbɔ́*
Tuch *avɔ̃*, *avɔ́*

tun *wɔ*
Tür *vɔ, vɔtrú*
Twi *Blú*

übel *baɖabaɖa*
Übel *busú*
über *dzí*
überall *afísiâfí*
Überlieferung *blemanya*
übermorgen *nyitsɔ*
übertreffen *wú*
überwinden *ɖu-dzí*
übrig sein *susɔ*
um zu *ɖa-*
umfallen *mu, mũ, dze anyí*
Umfang *lolome*
umfassen *tú*
Umgegend *nútowo me*
umhergehen *tsa*
umkehren *trɔ́, gbugbɔ*
umringen *fo xlắ*
umrühren *blu*
umschlagen, Tuch *ta avɔ̌*
umsonst *dzódzrŏ*
unbedingt *kokoko*
unbehindert *faa*
und *kplé, kpákple, éye*
unendlich *mavɔ*
unerwachsen *matsimatsi*
Unglücklicher *núwɔ̀ametɔ́*
Unheil *busú*
uns *mí*
unser *mía, míafe*
unten, unter *té, gɔme*

unterdrücken *ɖe-tó*
unterrichten *fía*
Unterseite *té*
unwissend *manyânú*

Vater *fofó, tɔ́*
verachten *dô vló*
Verächter *vlódola*
Verachtung *vlódodo*
verausgaben *gblẽ́*
verbergen (sich) *γlá, be*
verbrauchen *gblẽ́*
verderben *gblẽ́*
verfaulen *nyunyɔ*
vergeblich *dzódzrŏ*
verirren *tra, tra mɔ́*
verjagen *nyă*
verkaufen *dzrá*
verkehren mit jd. *dê há kplé ame*
Verkündiger *gbefắɖèlá*
verlangen *bía*
verlassen *gblẽ́-ɖí*
verlieren *bú*
versammeln *fo fú, kpé ta*
Versammlung *fúfòfo, takpékpe*
~ ort *fúfòfé, takpéfe*
verschieden *vovo*
verschmieren *tré*
verschwinden *bú*
versöhnen *kpáta*
verstehen *se, se-gɔme*
Versuch *tetekpɔ́*
versuchen *te-kpɔ́*

verstopfen *tré*
verteilen *mấ*
verurteilen *bu fɔ́*
Verwandter *fometɔ́*
Verwandtschaft *fome*
verwesen *nyunyɔ*
verwirren *tɔ́tɔ*
viel *geḍee, sɔgbɔ*
vielleicht *ḍéwohĩ*
vielmehr *boŋ'*
vier *ene*
Vogel *xe, xeví*
Vogelei *xevízì*
Vogelnest *xevítɔ*
Volk *dukɔ́*
vollenden *wû nú*
Vollendung *núwuwu*
von *tsó*
vor, voran, vorn *ŋgɔ, ŋgɔgbé*
Vorderseite *ŋgɔ*
vorenthalten, jdm. etwas *te nú ame*
Vorfahr *tɔ́gbi*
vorgestern *nyitsɔ*
vorhanden sein *li, nɔ anyí*
Vorhaut *ava*
vorladen *sáma*
vorn *ŋgɔgbé*
vornehmen, sich *ḍó támè*
vorübergehen *tó-ŋúti yi*
Vorzeit *blema*

wachsen *tsi*
Wald *avé*
Waldbaum *avémètí*
Waldland *avényigba*
Wahrheit *nyatefé*
Wand *gli*
Waraneidechse *vé*
Ware *adzɔ́nu*
warten *lala, nɔ anyí*
was? *núka;* das was *núsì*
waschen *nyã, klɔ́*
Wäscher *núnyầlá*
Wäscherei *núnyầfé*
Wasser *tsi*
Wasserloch *tɔme*
Wassertier *tɔmelã*
Wechsel *liḍɔḍɔ*
wechseln *ḍɔ li, ḍuḍɔ*
weg *ḍó ḍá, yi*
Weg *mɔ́*
wegen *ta, ŋú, ŋúti*
weggehen *dzó*
weglaufen *sí*
wegnehmen *ḍe, tsɔ́-yi*
wehtun *vé*
Weibliches *nɔ*
weich sein *bɔbɔ*
weigern (sich) *gbé*
weil *élàbéna, ésì-ŋúti, ésì-ta*
weinen *fa aví*
Weinen *avífàfa*
Weise *nɔnɔme*
Weiser *núnyala*
weiß *yí, yíe*
weit weg sein *didi*
welcher? *ka*

Welt *xéxemè*
wenden *trɔ́*
wenig *víe, víaɖe*
wenn *né, nénye*
wer? *ameka, ka*
werden *zu, trɔ́ zu*
werfen *fú*
wertlos *dzódzrŏ, gbɔ́lo*
Westen *ɣetóɖofe*
Wetter *xéxemè*
wichtig *vévi, vévie;* ~ sein *vé*
wie? *áleke;* so wie *álesì*
wieder *-ga-*
wiederkehren *gbugbɔ*
wiederkommen *gbɔ, gbugbɔ, trɔ́ gbɔ, trɔ́ vá*
wieviele? *nénìe*
wild *nyanyra,* ~ sein *nyra;* wildes Tier *gbémèlã*
Wildnis *gbémè*
willkommen! *dzâ lòo*
wir *mí, míawo*
wirklich *vávã, nyatefé*
wissen *nyá*
wo? *afíka,* woher? *tsó afíka*
wohin? *afíka*
wohlbehalten *dédie*
wohlschmeckend (sein) *vívi*
wohnen *nɔ*
Wohnort, Wohnung *nɔfé*
wollen *lɔ̃, dí*
Wort *nya, numegbe*
Wunde *abi*
Wunsch *didí, lɔlɔ̃nu*
wünschen *dí*
Wut *adã*
wüten *nyra, wɔ adã*

Yoruba *Anagó*

Zahl *xexlẽme*
zählen *xlẽ*
zahlen *xé fe, tú fe*
zahlreich (sein) *sɔgbɔ*
Zahlung *fe, fexéxe, fetútu*
Zange *abé, abɛ́*
Zauberer *dzotɔ́, dzosalá;* böser ~ *dzoɖulá, dzoɖuametɔ́*
zehn *ewó*
zeigen *fía*
Zeit *ɣeyiɣi;* freie ~ *vovo*
zerbrechen *gbã, gba*
zerreißen *tso, vúvu*
zerstreuen *hlẽ, ka, ka hlẽ*
Zeuge *ɖasefó*
zeugen *ɖi ɖasefó*
zeugen (erzeugen) *dzi*
Zibetkatze *dzogolo*
Ziege *gbɔ̃*
ziehen *he*
zirpen *fa*
Zorn *adã, dzibíbi*
zornig sein *bí dzi*
zu sehr *ákpa*
zubereiten *dzra-ɖó*
Zubereitung *dzadzraɖó*
zuerst *gbã*
Zunge *aɖé*

zurechtmachen *dzra-ḍó*
zurückbleiben *tsí megbé*
zurücklassen *gblẽ-ḍé megbé*
zusammen *fofú*
zusammenrollen (sich) *xátsa*
zusammenrufen, Leute *yɔ́ amewó fofú*
zuviel *ákpa*
zuviel werden *gló*
zwanzig *blávè*
zwei *eve*
zweimal *zi eve*
Zweifel *ḍikeke*
zweifeln *ke ḍi*
Zweifler *ḍikelá*
zwischen *dome*
Zwischenraum *dome*
zwitschern *ƒa*

FSC
www.fsc.org
MIX
Papier | Fördert
gute Waldnutzung
FSC® C083411

Kolibri 360 GmbH
Ferdinand-Jühlke-Straße 7
99095 Erfurt, Deutschland
produktsicherheit@kolibri360.de